AUTORA DO BEST-SELLER ALGORITMOS DE DESTRUIÇÃO EM MASSA

QUEM GANHA NA NOVA ERA DA HUMILHAÇÃO

A MÁQUINA DA VERGONHA

CATHY O'NEIL

The shame machine: who profits in the new age of humiliation
Copyright © Cathy O'Neil, 2022
Published in agreement with William Morris
Endeavor Entertainment, LLC.

Edição: Felipe Damorim e Leonardo Garzaro
Assistente Editorial: Leticia Rodrigues
Arte: Vinicius Oliveira e Silvia Andrade
Tradução: Rafael Abraham
Revisão: Carmen T. S. Costa e Lígia Garzaro
Preparação: Leticia Rodrigues

Conselho Editorial:
Felipe Damorim, Leonardo Garzaro, Lígia Garzaro,
Vinícius Oliveira e Ana Helena Oliveira.

Dados Internacionais de Catalogação na Publicação (CIP)
(Câmara Brasileira do Livro, SP, Brasil)

O58m

O'Neil, Catherine Helen

A máquina da vergonha / Catherine Helen O'Neil, Stephen L. Baker; Tradução de Rafael Abraham. – Santo André - SP: Rua do Sabão, 2023.

312 p.; 14 x 21 cm

ISBN 978-65-81462-46-8

1. Romance. 2. Literatura norte-americana. I. O'Neil, Catherine Helen. II. Baker, Stephen L. III. Abraham, Rafael (Tradução). IV. Título.

CDD 813

Índice para catálogo sistemático
I. Romance : Literatura norte-americana
Elaborada por Bibliotecária Janaina Ramos – CRB-8/9166

[2023] Todos os direitos desta edição reservados à:
Editora Rua do Sabão
Rua da Fonte, 275 sala 62B - 09040-270 - Santo André, SP.

www.editoraruadosabao.com.br
facebook.com/editoraruadosabao
instagram.com/editoraruadosabao
twitter.com/edit_ruadosabao
youtube.com/editoraruadosabao
pinterest.com/editorarua
tiktok.com/@editoraruadosabao

A MÁQUINA DA VERGONHA

CATHY O'NEIL

COM A COLABORAÇÃO DE
STEPHEN BAKER

Traduzido do inglês por Rafael Abraham

ESTE LIVRO É DEDICADO
A TODOS AQUELES
**QUE TENTAM
DAR O SEU MELHOR.**

INTRODUÇÃO

Conte aos amigos que você está pesquisando sobre vergonha e irá ouvir uma história mais triste que a outra. Essa tem sido a minha vida nos últimos anos. Ouvi a respeito de todo e cada tipo: espinhas no rosto, vergonha sexual, vergonha de fazer contas de Matemática — lembranças tenebrosas desenterradas do vestiário da escola, humilhações nas mãos de orientadores, médicos, estrelas do time de futebol. Elas escorrem da minha mente para formar uma enorme poça comum de dor e desespero, como algo subterrâneo, muitas vezes brutal. É algo difícil de olhar, e mais difícil ainda de compreender.

Certa noite em que o assunto da vergonha surgiu numa conversa, uma amiga minha, professora de História da Arte, ofereceu-me um olhar totalmente novo. "Já ouviu falar do grupo de palhaços dos indígenas nativos americanos?", ela perguntou. Não havia. E então ela me contou sobre um ritual de constrangimento e escárnio das nações Pueblo do Novo México e Arizona. Num dos casos descritos por ela, os corpos dos palhaços são pintados em tiras brancas e pretas feitas de argila. Os cabelos, partidos ao meio, são atados em dois cachos que ficam em pé de cada lado da cabeça, também envoltos em argila. O topo de cada cacho é adornado com cascas de milho.

Esses rituais possuem muitas camadas de significados, ela explicou. São ligados à religião, e é um assunto tão sensível que os participantes são desencorajados a discuti-lo com pessoas de fora.

Segui averiguando com Peter Whiteley. Ele é curador de Etnologia do Museu Americano de História Natural, em Nova Iorque, e muito de sua pesquisa antropológica foi focada nas tradições da nação indígena dos Hopi. A tribo mora em assentamentos fixos no nordeste do Arizona há um milênio, razão pela qual os espanhóis que chegaram no século XVI incluíram os Hopi entre os povos chamados de Pueblo, palavra espanhola que significa *vila*.

A função dos palhaços zombeteiros, diz Whiteley, é reforçar as normas e padrões éticos da comunidade. Nas cerimônias sazonais, que se estendem por dois dias, os palhaços, usando vestes listradas de argila, se apresentam numa praça cercada por membros da comunidade. A premissa é que eles são filhos do Sol que adentram a cerimônia sem conhecimento da sociedade e moral humanas. Em algumas das esquetes iniciais, eles parecem depravados, quebrando as regras de decoro e decência. Comem sujeira do chão, roubam uns aos outros, simulam sexo. Já que não conhecem as regras, vale tudo. Mas ao longo de um dia e meio a compreensão avança, e parecem adquirir o básico do comportamento ético. Em suma, aprendem a ser cada vez mais Hopi.

Nesse processo, eles ensinam às pessoas o que é aceitável e o que não é. "São os grandes comentaristas do mundo", diz Whiteley, "os que apontam comportamentos transgressores". E para isso se utilizam da vergonha e do constrangimento.

Em uma cerimônia de que Whiteley se lembra, ocorrida nos anos 1990, os palhaços agiam como bêbados cômicos, cambaleando e arremessando garrafas enquanto ridicularizavam um contrabandista, um homem conhecido por Grilo, que vendia bebidas alcoólicas dentro da comunidade — o que violava uma regra preestabelecida. O álcool que ele fornecia, feito por estrangeiros, era venenoso e comprometia a saúde da tribo. O constrangimento pelo qual Grilo passava era intenso, diz Whiteley. "Ele devia ser casca-grossa." Alguém que pensasse em contrabandear bebida iria agora pensar duas vezes.

O constrangimento de membros da comunidade pelos palhaços não acabava em risadas e gozação. Em certo momento da cerimônia, tanto os palhaços quanto seus alvos constrangidos poderiam receber perdão formal. Com isso, os constrangidos retornavam à tribo com as contas em dia — porém sempre cientes de que os demais os observavam.

Depois de um dia ou dois de ridicularização, vinha a redenção. Tudo isso era muito inofensivo se comparado às histórias dolorosas e sombrias que eu ouvia. E, ao lado da minha própria luta permanente contra a vergonha corporal, parecia mais como uma tentativa de convencimento do que de *bullying*. A cerimônia Hopi, conforme descrita por Whiteley, não diz aos transgressores que eles são pessoas ruins ou perdedoras, e sim que precisam fazer uma correção de rota.

A forma como os palhaços Pueblo provocam seus alvos nos diz algo sobre o papel da vergonha na sociedade. Ela pode ser saudável, até mesmo gentil — mesmo que afiada. Para entendermos o que pode haver de saudável aí, vamos dar uma olhada em um tipo completamente diferente de vergonha.

Já ouviu falar em "asas de bingo"? O termo vem da Grã-Bretanha, onde o bingo é a parte mais importante depois do jantar em muitas casas de repouso. Quando uma mulher vence e grita BINGO!, levantando o cartão no alto, via de regra o faz com entusiasmo — e aí começam os olhares inquisidores. O movimento chama a atenção para os braços, em especial a parte de baixo, em que, em muitos casos, uma bolsa de gordura e pele solta sacoleja para frente e para trás. Essa é uma asa de bingo em ação. Para uma mente julgadora ela representa feiura, o que gera vergonha. É também associada com outra poderosa fonte de vergonha, a idade avançada, e ligada às mulheres, que sofrem muito mais com vergonha corporal e etária do que os homens. Muita vergonha de classe social também brota à superfície. Os ricos, afinal, quase não jogam bingo, uma atividade popular entre as classes média e baixa — pessoas tão empolgadas ao ganhar um prêmio que balançam os braços loucamente, expondo suas asas de bingo.

As indústrias de melhorias estéticas prosperam com a vergonha corporal. Em seu discurso, deixam bem claro que as asas de bingo, também conhecidas como "asas de morcego", são nojentas — algo que deve ser escondido com mangas compridas até ser removido por meio de cirurgia. Esse ponto de vista, que abastece o modelo de negócio, é ecoado por toda a sociedade, de programas matinais de TV e infomerciais a *websites* de cuidados pessoais. É tão generalizado que muitos de nós tomamos como verdade absoluta. "A não ser que você passe a noite voando e caçando insetos", diz a *Blue Hare*, revista de *lifestyle* para mulheres mais velhas, "ninguém quer ou precisa de asas de morcego. Então, quais são as causas e o que você pode fazer sobre isso — de forma realista?". A resposta é eliminar tais apêndices desagradáveis. O custo da cirurgia, conhecida como *lifting* de braço ou braquioplastia, é de cinco mil dólares por braço, em média.

Da maneira como vejo, a cerimônia Hopi e o bingo ilustram duas faces contrastantes da vergonha. Os palhaços zombeteiros enviam sinais a membros de sua comunidade, usando gozação leve para reforçar normas culturais. No caso de Grilo, o suposto contrabandista, estão dizendo: "não nos envenene. Mantenha-se fiel aos valores duradouros da nossa tribo".

As pessoas ridicularizadas permanecem como membros da comunidade. Os demais sabem quem são e se importam com eles. Checam sua evolução e os afastam das transgressões. O escárnio e o constrangimento têm como alvo o que as pessoas fazem, e não quem são.

A vergonha é uma ferramenta de policiamento, e tem sido assim desde que os primeiros clãs de humanos vagavam pelas savanas da África. De acordo com psicólogos evolucionistas, a vergonha — assim como a dor, sua prima de primeiro grau — nos protege do mal. A dor protege nossos corpos, nos ensinando a tomar cuidado com fogo e lâminas afiadas e a correr de bichos enfurecidos. A vergonha representa uma outra dimensão da dor. É administrada por um coletivo cujas regras e tabus são gravados na nossa psique. Sua meta é a sobrevivência não do indivíduo, mas da sociedade. Assim sendo, a vergonha nasce do conflito entre os desejos do indivíduo e as expectativas do grupo.

Vergonha, por definição, é algo que carregamos dentro de nós. É um sentimento derivado de um padrão, quer seja de corpo, saúde, hábitos ou princípios morais. E quando sentimos que estamos falhando em alcançar esses padrões, ou quando colegas ou propagandas de TV deixam isso bem claro, a vergonha nos inunda. Às vezes só nos faz sentir mal. O dano, contudo, pode ir muito além, esvaziando nosso senso de individualidade, nos negando dignidade enquanto seres humanos e nos preenchendo com sentimentos de inutilidade. A vergonha possui uma força feroz.

O estigma, outro dos primos próximos da vergonha, é uma marca que levamos do lado de fora. Para o resto da sociedade, é um sinal de que essa pessoa se comporta mal ou possui uma inerente natureza abominável. Às vezes um estigma é levado como um indicador físico, como um chapéu de burro. Em outras vezes, uma única palavra será o bastante, marcando uma pessoa como um viciado ou delinquente.

Vergonha e estigma reforçam tabus. E, do ponto de vista evolutivo, parte do trabalho que fazem tem sentido. A vergonha do incesto, por exemplo, leva os humanos a se espalharem e enriquecerem o *pool* genético. Na maioria das sociedades, a vergonha desencoraja comportamentos antissociais, tais como armazenar comida secretamente. Compreender tais sinais é uma habilidade de sobrevivência. A vergonha indica a posição frágil de alguém dentro da tribo ou comunidade. No sentido darwinista, ela lança um aviso, que remonta aos nossos primórdios, quando o constrangido ou exposto poderia ser segregado ou até mesmo morto, e que é recebido como presságio. O medo de abandono é tão poderoso que pode nos fazer sentir nauseados ou com pensamentos suicidas.[1]

Dirigir embriagado é um ato recente no panteão da vergonha. Ainda mais novo é o constrangimento daqueles que ignoram o distanciamento social ou tossem no meio da multidão durante uma pandemia. Nós apontamos o dedo para pessoas que não cuidam do grupo. É o medo da vergonha, assim se pensa, que leva as pessoas a valorizar a permanência naquele grupo acima de seus egos e desejos. Quando funciona, é o que desencoraja nossa espécie de seguir alguns de nossos piores instintos.

Muitos outros já escreveram sobre a psicologia por trás da vergonha, da dúvida e da autoaversão, ou do truque mágico de remover a vergonha de nossa psique mais profunda (considerem-me cética), mas neste livro dou ênfase em como a vergonha é fabricada e explorada. Eu analiso a vergonha como uma força global

---

[1] De acordo com a definição do livro *Understanding and Treating Chronic Shame (Entendendo e tratando a vergonha crônica)*, de Patricia A. DeYoung, vergonha é "a experiência da desintegração do senso de si próprio em relação a um outro desregulante", em que o outro desregulante é "uma pessoa que falha em prover conexão emocional, receptividade e compreensão de que outra pessoa precisa para se estar bem e completa". Essa definição torna claro que a vergonha acontece, ao menos de início, dentro de uma relação com os demais.

e mostro como ela é usada para coletar de nós algo de valor, seja dinheiro, trabalho, sexo, votos ou mesmo *retweets*. Setores gigantes da economia são organizados e otimizados para nos fazer sentir horríveis.

O principal propósito da vergonha é o de reforçar a conformidade — palavra problemática que indica covardia, comportamento de ovelha, sacrifício da individualidade de alguém em prol do coletivo. Pior ainda, as convenções do grupo ao qual estamos em conformidade podem ser falhas ou injustas. Em *A letra escarlate*, de Nathaniel Hawthorne, Hester Prynne é forçada a usar uma letra "A", de adultério, bordada no peito. Essa vergonha é seu castigo, e um aviso para que outras mulheres permaneçam dentro das prescrições da sociedade. Só que uma das normas permitia que predadores homens, no caso o pastor Arthur Dimmesdale, mantivessem sua honra e posição.

Não era justo. A obra de Hawthorne deixa isso claro, levando os leitores a simpatizarem com a mulher desonrada e, por fim, a admirá-la. Assim, o autor pressionou a sociedade a mudar suas normas — a redirecionar a vergonha das vítimas de relacionamentos abusivos aos agressores. Seu motivo não era levar Hester Prynne a obedecer ao padrão puritano; em vez disso, ele pretendia redesenhar os limites da vergonha. Essas mesmas dinâmicas hoje impulsionam movimentos sociais, do #MeToo ao Black Lives Matter. Essas fronteiras mutáveis alimentam conflitos acirrados em nossa sociedade, porque as pessoas cujo comportamento um dia parecia estar em conformidade — de CEOs e diretores abusadores até as Filhas Unidas da Confederação — agora se encontram cobertas de vergonha de forma inédita. Isso machuca. Para se protegerem, as pessoas tendem a refugiar-se com aliados de pensamento igual ou a contra-atacar.

Em tais casos, a vergonha é ineficaz, até mesmo contraproducente. Em vez de reforçar normas comunitárias, acaba expulsando e pondo pessoas de lado. Isso ocorre com frequência. Em suas inúmeras formas, a vergonha moderna falha em sua missão unificadora, conseguindo somente nos separar e causar dor.

O panorama da vergonha está em constante mudança, mas sempre cheio de oportunidades. Quer o modelo de negócio seja fazer alguém comprar uma esteira ergométrica, fazer uma rinoplastia, clicar num anúncio, pagar por um diploma inútil, adotar uma dieta cara ou votar em um certo candidato presidencial, encontrar a fonte de vergonha de uma pessoa costuma ser o primeiro passo. O que ela odeia em si mesma? E o que será capaz de fazer para se odiar menos? Esse é o cálculo central do complexo industrial da vergonha, pelo qual faremos um *tour* na primeira parte do livro.

Os principais agentes dentro desse ecossistema punitivo operam o que chamo de máquinas da vergonha. Há diversos tipos delas, abrangendo desde empresas de capital aberto até burocracias governamentais. Indivíduos também exercem um papel, seja em contas no Twitter ou infomerciais de autoajuda. Todos eles distribuem vergonha usada como arma. Alguns o fazem apenas para lucrar; outros, para intimidar os oprimidos, negando-lhes benefícios ou enviando-os à prisão. A vergonha age como um dissuasor, uma forma de controle silenciador, uma distração e deflexão do pensamento claro. Quando bem-sucedida, leva suas vítimas à resignação e rendição. Elas passam em ciclos infinitos pelas máquinas famintas.

Do vício à pobreza, uma constante das indústrias da vergonha é o conceito de escolha. A premissa básica é de que as vítimas fizeram besteira: podiam ter escolhido ser ricas, em forma, inteligentes e bem-sucedidas, e não o fizeram. É culpa delas e, sim, devem se sentir mal por isso. Mas agora têm a oportunidade de corrigir o erro, solucionar o problema e seguir a rota indicada para a redenção, que é quase sempre vã.

Nas últimas décadas, novas e poderosas máquinas da vergonha surgiram. No segundo capítulo, "Vergonha em rede", veremos como os gigantes digitais nos recrutam para constrangermos uns aos outros, seja por feiura, mau gosto, ou qualquer variedade de gafe política. Os algoritmos de aprendizado automático do Facebook, Google e outros são continuamente otimizados para estimular o conflito entre nós. Isso gera tráfego e anúncios, que trazem lucros espetaculares. Mas o subproduto dessa indústria, agora a mais valiosa do mundo, é um fluxo tóxico de humilhação e ridicularização. Seus algoritmos nos premiam, cada vez mais, por odiarmos e demonizarmos uns aos outros, enquanto também nutrem a cultura do cancelamento. Nossas vidas nas redes sociais perturbam nossos processos mentais, abalando nossa percepção dos fatos.

É um caldo potente. Entretanto a vergonha também pode ser usada de outras formas. Quem a experimentou pessoalmente entende o seu poder e talvez esteja na melhor posição de usá-la para o bem. No entanto, fazer isso envolve passar por uma jornada emocional não muito diferente dos estágios do luto. O primeiro estágio é a dor. Quando humilhados, seja por vício, pobreza ou ignorância, as pessoas sofrem e podem sentir-se imprestáveis ou sem valor. E ser denunciado por milhões numa rede social como um racista ou estuprador pode criar uma dissonância cognitiva, sobretudo para pessoas que se consideram "boas". Uma resposta natural é a de buscar uma forma de aplacar a dor. Isso as leva a esconder a vergonha, ou fingir que ela não está lá. Alguns até culpam os outros, ou buscam outras pessoas nutrindo mágoas semelhantes. Esse segundo estágio da vergonha, a negação, leva a uma infinidade de perigos.

O terceiro estágio, que muitos de nós nunca alcançamos, é a aceitação. Isso neutraliza a máquina da vergonha. Uma pessoa gorda (como eu), após décadas de sofrimento, acaba por dizer "É, sou gorda. E daí?". Uma pessoa gay sai do armário. Nesse ponto, a pessoa desprende-se da vergonha e da asfixiante rede de mentiras, segredos e autodesprezo que a tem mantido cativa, muitas vezes, por toda uma vida. Tal aceitação pode trazer enorme paz e um sentimento quase palpável de alívio. (Devo acrescentar que as pessoas podem andar para trás em suas trajetórias. Um único comentário pungente pode reviver a dor original que as vítimas da vergonha acreditavam ter deixado para trás.)

Por fim, há o quarto estágio, a transcendência. É quando as pessoas que sofreram a vergonha, e a confrontaram, mudam o foco de si próprias para a comunidade — e tomam medidas para desmantelar a própria máquina da vergonha.

A jornada de um homem chamado David Clohessy, natural do estado de Missouri, ilustra esses estágios da vergonha. O tormento de Clohessy começou na infância, mas não se tornou conhecido até 1988. Numa noite daquele ano, o residente de Missouri, então com 38 anos de idade, foi ao cinema com a noiva assistir a um filme com Barbra Streisand. Era *Querem me enlouquecer*, no qual Streisand interpreta uma prostituta acusada de matar um de seus clientes. Durante o julgamento, ela revela que seu padrasto a havia molestado sexualmente quando ela era criança.

O filme tocou num ponto doloroso. Naquela noite, deitado em sua cama, Clohessy vivenciou uma enchente de *flashbacks* devastadores. Um padre o agarrava com força, o submetia e subia em cima dele. Por quase vinte anos ele havia enterrado essas memórias que, agora, o dominavam.

Durante duas décadas, Clohessy silenciosa e involuntariamente vivenciou o estágio da vergonha marcado pela negação. Em sua história, contada pelo *The New York Times*, vemos a vítima ganhando voz e confiança, e pouco a pouco exigindo explicações sobre a vasta máquina da vergonha da Igreja Católica.

Depois da noite insone de 1988 em que as horrendas memórias voltaram à tona, Clohessy passou vários meses chafurdando na dor. Como ele podia ter passado por tamanho abuso e feito tão pouco para resistir? O que as pessoas iriam pensar?

Então, apesar da angústia, ele se libertou. O passo crucial foi quando reconheceu o que havia ocorrido e concluiu que não tinha culpa. Não havia feito uma escolha errada ou pecaminosa. Foi então que confrontou seu suposto abusador, o reverendo John Whiteley, pastor associado da comunidade agrícola de Moberly, Missouri. Em 1991, para a angústia de seus pais religiosos, Clohessy processou a diocese de Jefferson City. Em seu depoimento, ele detalhou as acusações de abuso contra o padre.

Muitas pessoas, como veremos, nunca chegam ao ponto em que confrontam a vergonha e param de se culpar. Clohessy teve sorte: após anos de luta e muitas horas de terapia, ele recuperou sua voz e poder. Ele estava disposto a compartilhar sua história, porque chegou à conclusão de que poderia ajudar a salvar outras crianças de padres abusadores. Ele superou a vergonha e se tornou líder de um movimento. Assim, no começo dos anos 2000, quando os repórteres do *Boston Globe* publicaram a série de reportagens investigativas vencedora do Prêmio Pulitzer sobre abusos na Igreja Católica, Clohessy foi uma fonte obrigatória.

Em 2004, Clohessy se juntou à Rede de Sobreviventes dos Abusados por Padres (SNAP), o preeminente grupo de autoajuda para vítimas de abusos do clero nos Estados Unidos, tornando-se diretor nacional da organização.

O caminho de Clohessy é o modelo para a parte final do livro. Pela primeira vez desde o encontro com os palhaços Pueblo, veremos como mudanças na vergonha podem criar oportunidades saudáveis. De vez em quando um constrangimento gentil pode ser útil em estabelecer novas diretrizes, como usar máscaras ou tomar vacinas. Em outros casos, as vítimas de injustiças sociais ou econômicas podem virar o jogo e apontar ou expor seus opressores por terem traído seus ideais declarados. Isso pode derrubar CEOs abusivos, levar a mudanças sociais, e até mesmo derrubar regimes políticos.

Meu objetivo neste livro é encorajar tal mudança: nos sairemos muito melhor enquanto sociedade, em termos tanto de felicidade quanto de justiça, se conseguirmos redirecionar a vergonha das vítimas atuais, que são desproporcionalmente pobres e sem poder, em direção às pessoas que obtêm vantagens do resto de nós, envenenando nossas vidas e cultura. Ao transformarmos os ataques aos desfavorecidos ou mais fracos em ataques aos favorecidos ou poderosos, protegemos o bem social. Esse deve ser o eterno papel da vergonha, sua razão de ser.

Você deve estar se perguntando por que eu escrevo sobre a vergonha. Sou especialista em Matemática, não uma psicóloga ou guru da meditação. Meu primeiro livro, *Algoritmos de destruição em massa*, fala sobre os algoritmos venenosos nos negócios, bancos, policiamento e educação que punem as pessoas, sobretudo os pobres. Eu já havia criado muitos tipos diferentes de algoritmos, então podia ver onde os mais tóxicos deles se agrupavam. Eu sabia como desconstruí-los e reconstruí-los.

Minha *expertise* com a vergonha é ao mesmo tempo pessoal e filosófica. Como quase todo o mundo, cultivei minha sabedoria sobre o tema a partir de dolorosas experiências de vida. Só recentemente, no entanto, comecei a examinar minha vida — repleta de medos e autocríticas — em função da vergonha. Isso levou a uma série de perguntas. Quem me transmitiu a vergonha? Quem lucrou com isso? Alcancei uma compreensão mais profunda sobre minha jornada de décadas depois de vê-la através das lentes da vergonha.

Para mim essa imagem entrou em foco há alguns anos, enquanto eu entrevistava uma professora. Apesar de conquistar os mais altos elogios de pais, colegas e alunos, ela recebera uma pontuação deplorável em uma avaliação padronizada. Isso faria com que fosse demitida. No entanto, quando ela pediu para ver a fórmula pela qual havia sido julgada, disseram-lhe: é Matemática. Você não entenderia.

Ela estava sendo constrangida por Matemática. Era um exemplo clássico de ataque aos mais fracos. Os poderosos — no caso, a administração da escola — dobraram-na à sua vontade ao constrangê-la, primeiro ao destroçar o seu trabalho, depois ao dizer que era ignorante demais em Matemática para conseguir compreender. Como uma *nerd* de Matemática desde sempre, eu era imune a esse tipo de constrangimento. Mas o testemunhei por décadas. Fui capaz de examiná-lo com um olhar claro, porque meus próprios sentimentos não eram provocados por ele. Eu podia contemplar o seu poder.

Contudo, em outras áreas, eu era uma vítima. A perspectiva sobre a vergonha de Matemática fazia um contraste muito nítido — e repugnante — com minha vergonha corporal. Conforme via de fora o constrangimento da professora, reconheci minha vergonha sobre gordura no corpo, a autorrepulsa que havia me seguido por toda a vida, como nuvens escuras pessoais que tapassem o sol.

Olhando através dessas lentes, contemplei o papel da vergonha nas questões humanas — uma ferramenta de repressão, lucro e controle. Então comecei a ver o modo como uma infinita lista de fornecedores entregava cada tom e sabor de vergonha disponível, da vergonha de um vício até da ignorância, aparência e idade. Vi como fabricavam montanhas dessa coisa. E se todo o mundo no escritório estivesse fofocando sobre como você cheira mal ou havia dormido com o chefe? E se todo o mundo na internet ficasse sabendo? Uma vez que a vergonha era atiçada, os mercadores de vergonha ofereciam produtos ou serviços — tudo, desde diplomas falsos até limpeza de reputação *on-line* — para aliviar os sintomas.

A pesquisa para este livro me levou a pensar sobre a vergonha como um imenso problema estrutural da sociedade. Isso me impeliu a analisá-la sistematicamente. E permitiu que não apenas eu abordasse as fontes da minha própria vergonha mas, ainda mais importante, que mergulhasse em presunções falsas que eu usava para justificar minhas próprias ações causadoras de constrangimento. No âmbito da vergonha, a maioria de nós é tanto a vítima quanto o agressor. Para evitar a dor, ou talvez em resposta a ela, nós habitual e automaticamente a desviamos em direção aos outros. Tanto o diagnóstico quanto o remédio, descobri, estão via de regra ancorados em ciência falsa, dissonância cognitiva e lisonja de autopreservação. Em suma, muita besteira desnecessária. Deveríamos brandir essa arma com mais cuidado.

Meu propósito ao escrever este livro é jogar luz tanto na vergonha a que fomos submetidos durante a vida quanto na vergonha que impomos aos outros, muitas vezes sem querer ou até mesmo notar.

Quero deixar claro, no entanto, que este não é um livro de autoajuda. O objetivo é muito maior e mais coletivo: encorajar-nos, enquanto indivíduos e comunidades, a desmontar as máquinas da vergonha que vêm fazendo o que querem não apenas com nossas mentes e espíritos, mas também com o governo e a economia. Isso é de particular importância agora, porque esses mecanismos, mais potentes do que nunca, estão prontos para ampliar seus esforços de maneira exponencial.

O primeiro passo para combatê-los é encarar nossas interações uns com os outros através das lentes da vergonha. Uma vez que as pessoas identifiquem a vergonha em suas próprias vidas, podem começar a ver o modo como corporações e instituições poderosas estão se beneficiando dela. E então se torna possível, pouco a pouco, ato por ato, virar o jogo. A vergonha não apenas nos aflige, no fim das contas. Ela também nos dá o poder para revidar.

// **PARTE I**

VERGONHA INDUSTRIAL

CAPÍTULO 1
PENDENDO A BALANÇA

Eu me sentia regozijada. Em um tempestuoso dia de outono em Cambridge, Massachusetts, recebi a notícia de que havia passado na "quali", minha prova de qualificação. Esse era um passo crucial para eu conquistar meu PhD em Matemática. Com o doutorado a meio caminho andado, achava-me pronta para comemorar — fazendo uma fornada de *cookies*. Com o humor mais triunfante e ensolarado possível, fui comprar os ingredientes no Get-N-Go, um mercado próximo de casa.

Eu conhecia o atendente. Ele costumava ser sempre amigável. Mas quando coloquei a farinha, o açúcar e as gotas de chocolate no balcão, ele chacoalhou a cabeça e disse, "Por que está comprando isso? Você não sabe que é gorda?".

Senti como se tivesse levado um tapa no meu queixo duplo. Meu coração disparou, lágrimas cobriram os meus olhos. Fiquei sem palavras, porém, por experiência própria, desde tenra idade, sabia que se tratava de choque fruto de constrangimento.

Muito do sofrimento por ser gorda ocorre numa escala mais suave e sutil. São os olhares que você recebe em saguões e aviões, a pausa desconfortável que o garçom faz antes de perguntar se você quer ver o menu de sobremesas. Essas microdoses de vergonha mantêm constantes certa angústia e autodesprezo. O choque, no entanto, é uma explosão. Ocorre com frequência quando alguém o confronta, de frente, sobre sua vergonha mais profunda. Quando você é exposto.

Naquele momento no mercado todo o veneno da vergonha fluiu pelo meu corpo, me deixando paralisada, desorientada, dolorida. Nesse estado, perdi a noção de quem eu era. Me senti sem valor, um fiasco, não amada.

Recolhi as compras e saí do mercado sem dizer uma palavra. Mesmo quando o choque inicial passou, permaneci sob seu feitiço. Na sequência, senti como se estivesse afundando, e desesperadamente me pus a endireitar o navio — escorando minha própria autoestima. Estava recebendo um PhD, disse a mim mesma. Tinha um namorado. Era gentil com as pessoas.

Tais contra-argumentos pingam inofensivos sobre o edifício da vergonha e se dissolvem. A vergonha transcende a mera lógica e estende suas raízes até a biologia. Ela incita hormônios, faz apertar a mandíbula, ativa receptores de dor no cérebro e, ao mesmo tempo, esmaga a autoestima até que ela vire pó.

Para muitos leitores, isso pode parecer exagero. Muitas pessoas não passam pela experiência de um forte choque causado por vergonha, ou não se lembram assim tão bem de um. Para outros, sem dúvida, o conceito da vergonha pode ressuscitar memórias horríveis do passado — embaraços no colégio, falta de jeito durante um flerte, rebaixamento de cargo num emprego. Mas nesta semana, talvez neste ano, se tiverem sorte, a vergonha parece passar batido. É problema dos outros.

Entretanto, como veremos adiante, a vergonha é uma força ativa silenciosa, mesmo entre quem não consegue se lembrar de ter passado por um choque recente e diz sentir-se bem consigo mesmo. Afinal, a vergonha — tanto em causar quanto em receber — faz a maior parte do seu sórdido trabalho nas sombras, andando na ponta dos pés pelas beiradas da mente consciente. Costumamos esquecer quão ruim é esse sentimento.

De todo modo, quer seja um choque em cheio como o que vivi no mercado, ou sentimentos profundamente enterrados de inutilidade e vulnerabilidade, a questão crucial se torna urgente: O que fiz de errado? Parece ter havido uma opção, uma bifurcação no caminho. Todos os membros saudáveis e dignos da sociedade seguiram a rota certa e eu, a errada. Talvez eu tenha sido fraca, preguiçosa ou burra. Qualquer que seja a razão, me sinto com vergonha porque estraguei tudo.

Todo o panorama da vergonha depende da ideia de escolha, que em geral é equivocada. Milhões de nós carregamos a dor perdurante de fazer uma escolha errada após outra. Abrigamos um medo permanente de que a vergonha exploda, como aconteceu comigo naquele mercado, e de que seremos desmascarados como perdedores. E nos agarramos à esperança de que ao adotar a *escolha certa* poderemos nos livrar da vergonha.

Minha própria história é um estudo de caso de como a vergonha nasce, como é sustentada, nutrida e monetizada. A vergonha corporal condicionou meu comportamento a cada passo, a cada ano. Essa é a jornada que abriu meus olhos para o domínio traiçoeiro da vergonha em nossas vidas.

Começou há quarenta anos, quando eu era uma menina rechonchuda que morava com os pais nos subúrbios de Boston dos anos 1980. Sempre grande para a idade, eu já tinha o tamanho de uma mulher adulta quando cheguei na quarta série. Na minha escola pública de Lexington, eu era uma pária, a criança que era escolhida por último no time, que sentava sozinha no refeitório. Meu tamanho parecia sinalizar que eu era uma rejeitada.

Sofri muitas humilhações nas aulas de Educação Física, mas a mais torturante era a pesagem anual do Teste Presidencial de Aptidão Física. Lembro de estar na fila do ginásio esperando a minha vez de ser pesada. Conforme cada criança à minha frente subia na balança, a enfermeira berrava o resultado para o professor, que escrevia os números num caderno. Meus colegas pareciam todos pesar em torno de 30 quilos. Eu tinha plena consciência de que pesava mais de 45. Conforme subi na balança, abaixei minha cabeça de vergonha — meu rosto quente, o estômago dando um nó — me preparando para ouvir a enfermeira gritar o número vergonhoso. Por dias as outras crianças me provocaram: "Você pesa tudo isso mesmo? 47 quilos?".

Algo precisava ser feito. Então, aos 11 anos de idade, eu estava pronta e disposta quando meus pais disseram que eu precisaria entrar numa dieta. Eles me explicaram que calorias eram unidades de energia. Se pudéssemos controlá-las — comendo menos do que nossa "quantia de manutenção" — perderíamos peso. Queime mais calorias do que você consome e seu peso cai, meu pai explicou. Moleza.

A dieta prometia uma rota para longe da vergonha. A suposição implícita era que desde os meus primeiros anos eu havia feito besteira comendo demais. Dada uma escolha, havia seguido meu desejo e de modo egoísta optado pela gula, um dos sete pecados capitais. Mas poderia voltar ao normal ao acorrentar meu apetite. Bastava seguir as regras. Como uma jovem matemática iniciante, regras lógicas eram a minha especialidade.

Ambos meus pais eram matemáticos com PhD. Ciência e Matemática eram o sistema de crenças reinante na nossa casa. Quer sejam as condições climáticas do dia ou a evolução humana, meus pais acreditavam inerentemente na objetividade dos fatos — era a religião deles.

Era de se esperar que seguissem a ciência, do ponto de vista deles, na abordagem meticulosa em relação à dieta. Mantinham uma imponente balança de consultório médico no banheiro e atualizavam gráficos de peso, anotando cada meio quilo perdido ou ganho. Eu havia observado esse processo por anos. Agora me juntava aos esforços.

Meu objetivo era perder quase um quilo por semana. Isso significava cortar meu consumo para mil calorias por dia. Para uma jovem *nerd* como eu, isso era empolgante. Não apenas eu iria perder peso, mas poderia usar minhas habilidades matemáticas no processo. Tínhamos um livro de contagem de calorias numa estante da cozinha. Eu checava o valor de tudo o que comia e então fazia a soma. Ao subtrair essa soma da minha "quantia de manutenção", calculava quanto mais poderia comer.

Meu pai me explicou que se conseguisse limitar as calorias, eu poderia me recompensar no fim de semana com a barra de chocolate que quisesse. Caso fracassasse, perderia a mesada da semana. Ele deixou claras as recompensas e punições para que eu compreendesse a urgência da situação.

    De início, amei a dieta. Todos os sábados minha mãe me pesava na nossa balança especial para conferir minha evolução e determinar se eu merecia punição ou recompensa. A balança tinha duas barras, a maior para acréscimos de vinte quilos e a menor, de meio. Subia nela, ouvindo o som da batida conforme a balança se equilibrava, e ficava na expectativa. Quando via que meu peso havia caído, o sentimento de conquista era inebriante.

    Depois desses sucessos iniciais na balança, me concentrei implacavelmente na comida e na minha futura versão magra. Eu trocava refeições normais por diversos pacotes de "petiscos de frutas" de cem calorias, que tornavam a contagem de calorias ainda mais fácil, e os pedaços pequenos me ajudavam a desacelerar o prazer de comer. Sentia-me eufórica e empoderada — e no controle total do meu corpo pela primeira vez na minha jovem vida.

    A lua de mel da dieta não durou muito. Em alguns meses algo estranho começou a acontecer. Começava o dia com vigor, contudo à tarde eu tinha dificuldade de lembrar o que havia comido, ou quantas calorias já havia consumido. No fim do dia, eu já havia perdido as contas por completo. Meus preciosos números escapavam de mim.

Sem dúvida, muitos leitores devem agora estar pensando que eu era apenas mais uma pessoa que não conseguia seguir a dieta, e que, claro, não tinha autocontrole. Esse é o dogma universal da vergonha corporal: dietas funcionam, pessoas que fazem dieta fracassam. E, acredite, abracei essa crença com fervor.

Conforme recuperava meus quilos perdidos, passei a temer as pesagens semanais. Todo sábado eu acordava antes do amanhecer me sentindo terrível e destroçada. Em retrospectiva, sei que era vergonha, porém, naquelas manhãs, deitada acordada na cama, só sabia que me sentia infeliz.

Comecei a trapacear nas pesagens. *Hackeei* a balança grudando uma pilha AAA, bem escondida, na parte de trás da barra de baixo. Isso tirava alguns quilos da conta. O truque funcionou por um tempo, entretanto morria de medo de ser descoberta. E depois de um mês, como era de se esperar, minha mãe, nada boba, começou a se perguntar por que eu parecia maior depois de perder tantos quilos. Ela inspecionou a balança e descobriu a fita adesiva que eu usava para grudar a pilha. Não havia apenas falhado com a dieta, mas também fora exposta como trapaceira. Quando ela me confrontou, confessei meus crimes às lágrimas. A vergonha gerou mais vergonha, como costuma acontecer.

Em silêncio, naquele dia minha mãe pôs fim ao experimento da dieta. Passei a receber minha mesada independente de quanto estivesse pesando. Ela nunca explicou suas razões, então só pude imaginar. A conclusão a que cheguei foi a seguinte: eu era um ninguém de onze anos de idade, destinada a ser asquerosa e gorda por toda a vida. Ela havia desistido de mim.

Ao longo de todo esse drama amargo, conforme a esperança de transformar meu corpo crescia e caía, deixei passar um detalhe persistente: meus pais entravam na dieta e saíam dela há anos, e *ainda tinham sobrepeso*. Eles acreditavam de forma devota nas bases aparentemente científicas das dietas. Eles haviam tentado diversas delas ao longo dos anos: contaram calorias, tentaram baixa gordura, baixo açúcar, alta em cereais. (No desespero, eles às vezes fugiam da ciência. Minha mãe, por um curto tempo, tentou a dieta do azeite, que exigia uma colher cheia a cada vez que sentisse fome. A ideia era se punir por ter fome. Algumas semanas depois, liguei para saber como estava se saindo, mas ela já havia largado e esquecido de tudo.) Depois de muitos inícios promissores, as dietas davam em nada.

Eu era muito nova para entender a hipocrisia de dois pais acima do peso pressionarem a filha a ter sucesso numa questão em que eles próprios haviam fracassado. E certamente não me ocorreu até muito tempo depois que, como eu, eles estavam envergonhados. Quando minha dieta não dava certo, eles fingiam que nada tinha acontecido, porque meus tropeços eram sombras dos próprios tropeços deles.

Passando da infância para a adolescência, continuei o esforço por conta própria, tentando uma dieta atrás da outra. Cada qual representava uma oportunidade de me redimir do pecado do fracasso anterior. Ainda assim, cada programa de perda de peso seguia o mesmo rumo: perdia quilos, ganhava ainda mais e então partia para a fórmula mágica seguinte. Por décadas acreditei que se fosse merecedora o bastante, ou talvez apenas sortuda, a solução me seria revelada. Nada funcionou. As rotas de fuga para alcançar a normalidade me levavam de volta ao ponto de partida.

Durante os anos de tentativa e frustração, minha vergonha não resultou de um evento único, como peidar no refeitório ou bombar em uma prova de História. Era uma condição crônica. Eu organizava minha vida, das roupas que usava até as atividades que concordava em fazer com os amigos, para me proteger de episódios vergonhosos, como a cena da pesagem no ginásio ou, bem depois, a confrontação no mercado. Eu me permitia comprar roupas só depois de conseguir fazer dieta por algumas semanas, o que significava que eram sempre apertadas e desconfortáveis. Fazia isso para me punir por readquirir o peso. O resultado foi que, além de ser gorda, passei a me castigar e me sentir desconfortável de forma crônica.

É disso que a vergonha é capaz. Condicionados a ela, levamos suas ordens em nossas mentes. Assim, ela está tão profunda em nós como nosso idioma ou religião. Suas paredes exercem uma função dentro de nossas cabeças. Temendo nos aventurarmos para além desse confinamento, em que corremos o risco de sentir a dor da vergonha, evitamos oportunidades, evitamos a diversão e evitamos o amor. É assim que a vergonha coloniza nossas vidas.

E vai além. Leve em conta os ciclos tóxicos de retroalimentação. Um acumulador compulsivo envergonhado, por exemplo, se protege de julgamentos ao não convidar ninguém para sua casa desorganizada porque isso o deixa livre para continuar comprando coisas, piorando o problema. E é natural que uma adolescente gorda, como eu, evite ir à academia por medo de exposição do corpo e a possível ridicularização pela qual passaria. O resultado é que ela ficaria ainda mais fora de forma, o que torna a visita à academia ainda mais arriscada — e menos provável. Uma vez que a pessoa cai nesse ciclo negativo da vergonha, segundo um estudo da Florida State University, ela tende a ganhar ainda mais peso.

Com a saúde cada vez mais em risco, pessoas gordas recebem atenção médica de baixa qualidade, em grande parte porque os médicos "não veem nada além da gordura". Eles culpam o peso pela maioria dos sintomas de pacientes obesos, constrangendo-os ainda mais e dando início a um novo ciclo tóxico de retroalimentação.

Outro caso de choque causado por vergonha que me afetou pessoalmente envolveu um médico que insistia que, por eu ser tão gorda, não havia como eu também conseguir me exercitar todos os dias. Isso quando eu treinava para um triatlo. E teria feito algum sentido se eu tivesse marcado a consulta para conselhos sobre condição física, mas eu queria conversar sobre engravidar. Não é difícil ver que, por mais que instauremos a vergonha sobre nós próprios, também temos muita ajuda externa.

Por conta de muitas pessoas gordas constrangidas evitarem o sistema médico no geral, elas buscam por soluções instantâneas na internet ou em programas de TV da madrugada. Um membro da minha família, uma mulher bem pesada, morreu de complicações causadas por uma dieta intensiva que envolvia pílulas perigosas. As pessoas estão literalmente se matando para fugir da vergonha corporal.

Meus pais eram pessoas inteligentes. Em outros cenários, eles avaliavam as evidências e tomavam decisões fundamentadas. Quando minha mãe foi diagnosticada com câncer de mama, ela leu todos os artigos de pesquisa sobre a doença e explicou as estatísticas para o médico. De modo geral, meus pais ajustavam o comportamento de forma racional para melhorar suas chances.

Entretanto, apesar das várias experiências com dietas malfeitas, eles agarravam-se com obstinado propósito à teorias pseudocientíficas de perda de peso. Nenhuma evidência conseguia afastá-los de fórmulas fracassadas. A vergonha embaralhava o raciocínio e incutia falsas esperanças. Em vez de culpar as dietas, eles se culpavam — e a mim.

Para a nossa natureza humana, voltada à resolução de conflitos, dietas fazem muito sentido. Simples assim. Os números parecem bater. E elas também se encaixam com clareza nos valores tradicionais ocidentais. Se você sofrer e suportar as dificuldades da fome, um corpo magro será sua recompensa. Ser magro, afinal, é visto como uma escolha. Ao fazer a escolha certa, o que é difícil e requer disciplina e retidão, você pode vangloriar-se do tamanho de sua cintura para sinalizar virtude. Você pode sentir orgulho, o que em termos de sofrimento psíquico é o oposto absoluto da vergonha.

O problema é que dietas pouco "funcionam" — ao menos quando a promessa é transformar uma pessoa gorda em magra para sempre. Para a maioria das pessoas obesas, dietas fazem mais mal do que bem. Depois de analisar registros volumosos do último quarto do século XX, pesquisadores da UCLA descobriram que entre um terço e dois terços das pessoas que haviam perdido peso fazendo dietas não apenas recuperaram os quilos em pouco tempo, como também ganharam ainda mais. A questão não era se os quilos perdidos retornariam, escreveram os pesquisadores, mas em quanto tempo.

Mesmo assim, jamais fórmulas falhas impediram as dietas de perda de peso de se transformar numa indústria monstruosa de 72 bilhões de dólares apenas nos Estados Unidos. Ela não cura a epidemia de obesidade; em vez disso, cresce com ela. Na última contagem, a taxa de obesidade em adultos daquele país era de 42,4%, e mais de cem milhões de americanos faziam dieta.

O desafio da obesidade, na verdade, é global, e a causa permanece um mistério. Até mesmo animais selvagens, de acordo com relatos, estão ganhando peso. As pessoas inventam todo o tipo de teorias, de substâncias químicas na atmosfera que afetam o sistema endócrino até resposta celular a possíveis ameaças. Elas podem em certo momento nos dizer o motivo de tantas criaturas ganharem peso. É claro, há inúmeras explicações para a suscetibilidade humana: porções colossais de restaurantes, bolacha Oreo de recheio duplo, tempo demais largado no sofá, onipresença de *fast-food*, declínio das refeições em família, até mesmo a redução do tabagismo. Estes e inúmeros outros fatores combinados com o funcionamento irredutível do corpo humano criam o problema, mas ninguém sabe dizer exatamente como. "A obesidade não é questão de força de vontade, é uma disfunção biológica", diz Dr. George Bray, professor do Pennington Biomedical Research Center da Louisiana State University. "A genética carrega a arma, e o ambiente puxa o gatilho."

Para as máquinas da vergonha, não há nada mais rentável que uma dolorosa e insolúvel praga envolta em mistério. Falsas promessas vendem, e, como não funcionam, o mercado permanece forte. O fracasso, na verdade, é central ao modelo de negócio das dietas, provendo rendimentos de gigantes como Vigilantes do

Peso (*Weight Watchers*) e Jenny Craig. Eles lucram a partir de um fluxo sem fim de clientes aturdidos por vergonha, que desprezam a si próprios. O ex-diretor financeiro do Vigilantes do Peso, Richard Samber, disse ao *The Guardian* que 84% dos clientes fracassavam com as dietas e retornavam à empresa. "É daí que vem o modelo de negócio", disse.

Mesmo assim, os programas de perda de peso alegam sucessos notáveis. O marketing via de regra exibe fotos espetaculares de antes e depois, com dados estatísticos enganosos. É um caso clássico de mentir usando números.

Em essência, trata-se de escolhas de interesse próprio sobre quais dados numéricos levar em conta, como costuma acontecer. Um estudo de 2011 publicado no *The Lancet*, exemplo perfeito de tal escolha seletiva (ou *cherry-picking*), descobriu que um grupo de pessoas fazendo a dieta dos Vigilantes do Peso havia perdido o dobro do peso do grupo de controle, que tinha acesso apenas à recomendações médicas. Isso parece impressionante. O truque? Financiado pelo Vigilantes do Peso, o estudo cobria um período de apenas doze meses. Era pouco tempo para que as pessoas recuperassem o peso. De acordo com estudos anteriores do próprio grupo, publicados em 2008, cerca de 4 a cada 5 clientes reportaram terem perdido peso no primeiro ano. Essa taxa cai para meros 16% nos cinco anos seguintes.

E ainda pior, o patamar desse chamado sucesso é ridiculamente baixo. Trata-se de reter apenas 5% da perda de peso. Digamos que uma cliente fazendo dieta tenha um sucesso inicial e caia de 113 quilos para 103. Ela posa para a foto do "depois" com um sorriso no rosto, e depois recupera 7 daqueles 10 quilos perdidos. Agora, está pesando 110 quilos, ainda assim manteve 5% da perda. Estatisticamente ela é uma vencedora, porém aposto que ela não se sente como tal.

Em outras palavras, dietas que levam a reduções de peso dramáticas e duradouras são pontos estatísticos fora da curva. Argumentando em causa própria, as empresas de dietas brincam com a palavra "sucesso" a seu bel prazer. E os estudos que citam são quase sempre deficientes.

Outra questão tem a ver com a natureza humana. Tendemos a compartilhar as boas-novas, enquanto escondemos com força as coisas das quais temos vergonha. Leve em conta *posts* no Facebook. Você vê muitas formaturas, mas poucas pessoas largando o curso.

O mesmo vale para a perda de peso. Pessoas em dieta se sentem eufóricas no início do processo, conforme os quilos vão indo embora. É uma conquista. Ficam felizes em falar a respeito. Contudo tendem a se fechar quando os quilos voltam. Como eu, quando desesperadamente *hackeei* a balança dos meus pais, a maioria das pessoas preferem esconder seus revezes. A vergonha abafa os depoimentos, turvando os números. Isso resulta no que os estatísticos chamam de "viés de seleção". Os dados da indústria são distorcidos em direção às histórias de sucesso, quase todas de curto prazo. No estudo de 2011 do Vigilantes do Peso, mais pessoas abandonaram o grupo da empresa do que o grupo de controle. Esse viés de seleção é mais outra razão para sermos céticos quanto às pesquisas sobre dietas.

Noom, um programa de perda de peso que propõe modificação de comportamento, nos dá um ótimo exemplo de *marketing* com estatísticas duvidosas. A empresa mira em clientes de classe alta, atraindo-os em parte através de anúncios patrocinados na National Public Radio (NPR). Sem dúvida, a maioria dos usuários sabe que programas de dieta costumam fracassar — eles têm até um *post* de *blog* intitulado "Por que dietas não funcionam?" —, então a empresa incorpora isso ao discurso. "No fundo", dizem em seu *app*, "você sabe que desta vez vai ser diferente porque agora estará embarcando no mais moderno curso de perda de peso conhecido pelo homem". O Noom dá aos novos assinantes uma tabela de tempo mostrando quantos meses serão necessários para alcançar o peso almejado. E os assegura de que, seguindo a fórmula do programa, serão bem-sucedidos, como muitos o foram antes deles.

Aqui começam os usuais jogos estatísticos. O Noom cita um estudo próprio alegando que 78% de seus clientes perderam peso. Bem, fico contente de poder explicar essa pesquisa aqui. Por favor, todo mundo vista seu detector de papo furado.

A análise incluiu 35.921 participantes, todos os quais instalaram o *app* e gravaram seus dados duas ou mais vezes por mês, durante seis meses. Quantos outros usuários se cadastraram e nunca voltaram, ou voltaram por três ou quatro meses — tempo o bastante para deixarem de acreditar no programa? Essas pessoas não foram computadas. Na verdade, a decisão do Noom de monitorar apenas usuários muito ativos é garantia de eliminar as pessoas que foram vencidas pela vergonha. Viés de seleção, anotado.

Além disso, o Noom baseia seu argumento em resultados obtidos ao longo de um único ano, um prazo curto demais. Como mostrou o estudo de 2008 do Vigilantes do Peso, é provável que pessoas em dieta que obtiveram drásticas perdas de peso no primeiro ano irão recuperá-lo do segundo ao quinto ano.

Então, outra vez, enquanto o Noom ganha dinheiro com ciência duvidosa, levemos em conta os efeitos sobre as pessoas que "falharam" na dieta do programa. Fazem-nas sentir-se não apenas gordas, mas condenadas a permanecer assim. E é culpa delas. Como outras formas tóxicas da vergonha, esta depende de uma falsa escolha. Tal fracasso, como definido pela máquina da vergonha, as desanima todos os dias. É uma praga vitalícia. Muitos prometem a si mesmos que no futuro irão se esforçar ainda mais. Da próxima vez, não baixarão a guarda. Irão persistir. E irão se culpar ainda mais quando retomarem o peso.

Para as empresas, as oportunidades de se ganhar dinheiro a partir da vergonha que cerca as pessoas gordas são infinitas. Uma delas envolve usá-las como protagonistas — quanto mais gordas, melhor — de um espetáculo. Essa é a premissa do *reality show* Quem Perde, Ganha (*The Biggest Loser*). Quando os participantes aparecem no programa, são mesmo bem grandes, escolhidos por estarem "precisando de ajuda" — de modo caricatural — da indústria das dietas. E a mensagem implícita para os milhões de espectadores é de que se trata de pessoas fracassadas.

Essa é uma mensagem sedutora. Sedentários de sofá com 15 ou 20 quilos a mais decerto se sentirão esbeltos e virtuosos assistindo a essas pessoas pesadas tentando perder os quilos e a vergonha desesperadamente. "Pelo menos estou melhor do que eles", pensam. Parece cruel, e é. Mas é o que fazemos, nós, humanos que sentem vergonha, para não afundarmos.

Para ser sincera, eu mesma sinto esse impulso. Mesmo quando escrevo discursos virtuosos no meu *blog* sobre atrações que se beneficiam da vergonha como o *Biggest Loser*, às vezes me encontro nesse mesmo estado de espírito, desviando a vergonha em direção à pessoas que parecem estar piores do que eu. A vergonha não é um hábito do qual podemos nos desfazer em um dia, ou mesmo uma década. A consciência que tenho dela não me previne que se infiltre em meus pensamentos e envenene meu juízo. Então consigo entender porque o espetáculo possui um certo atrativo tosco, não diferente de um *show* de horrores de um circo do século XIX.

Todas as técnicas de perda de peso no *The Biggest Loser* são insustentáveis. A maioria é sádica e perigosa para os participantes. Eles se submetem a passar fome enquanto forçam seus corpos, todos os dias, por horas de exercícios físicos frenéticos, sob a tutela de treinadores. Esses esforços são minuciosamente monitorados por videógrafos e analistas de dados.

Rachel Frederickson, a vencedora de 2014, viralizou na internet quando subiu na balança no episódio final, marcando graciosos 47 kg. Ela havia começado com 117. Tinha perdido mais da metade do peso do corpo, e ganhou 250 mil dólares de prêmio.

Mas quando o programa termina, os treinadores e analistas somem do mapa. A vida volta ao ritmo normal. Rachel relatou meses depois ter recuperado 9 kg. Não é de surpreender. Na realidade, um estudo dos participantes da oitava temporada do *reality* descobriu que o metabolismo de quase todos os participantes havia diminuído nos anos seguintes à competição. Isso quer dizer que passaram a queimar menos calorias em repouso. A maioria recuperou o peso, e, seis anos depois, quatro dos catorze estudados estavam mais pesados do que antes de aparecerem na TV.

Uma pessoa que jamais vai aparecer no *The Biggest Loser*, por mais que o programa adoraria tê-la, é a irreprimível cantora, *rapper* e flautista Lizzo. Ela é deliciosamente redonda e não se desculpa nem um pouco por isso. Ela rodopia e dança quando canta e mexe o corpo para o público. Em um vídeo, ela come Cheetos com os amigos. Assim como diversas pessoas, ela passou por períodos de vergonha corporal, segundo entrevistas. Mas ela parece ter vencido essa batalha de forma retumbante. Lizzo não apenas se aceita, como se ama. Ela encoraja o público a fazer o mesmo, a celebrar a vida e livrar-se da vergonha corporal — em suma, a ser livre de vergonha.

Para a indústria de perda de peso, ancorada na vergonha e na autoaversão, Lizzo é uma ameaça. Assim, não foi surpresa que, no início de 2020, Jillian Michaels, ex-treinadora do *The Biggest Loser*, a criticou por causa do peso. Falando à BuzzFeed TV, Michaels disse: "Por que estamos celebrando o corpo dela? Não vai ser legal se ela desenvolver diabetes". Quando atacada nas redes sociais por suas colocações, Michaels respondeu: "Não se trata de dizer que não a respeito, ou que não acho ela incrível. Com certeza acho. Porém eu iria detestar vê-la ficar doente".

Esse tipo de constrangimento, em que o constrangedor ao mesmo tempo nega e defende a tática, é perverso e com ares de superioridade "crítica ou provocação disfarçada de preocupação" (*concerned trolling*). Se você for gordo, deve conhecer muito bem. As pessoas lançam preocupações com a sua saúde e oferecem conselhos. Algumas delas, como o balconista do mercado perto da minha casa, podem achar que têm boas intenções, entretanto a insinuação, outra vez, é que há uma escolha. Lizzo escolheu ser gorda. Ela está errada. Ela deveria sentir vergonha e assumir a responsabilidade de se corrigir: ela deveria fazer dieta.

Esse tipo de provocação disfarçada é baseada na suposição de que nunca ocorreu à pessoa gorda fazer dieta, ou que ela nunca tentou antes. E é claro que baseada na falsa premissa de que pessoas fracassam na dieta por falta de força de vontade ou disciplina (pelas quais, é claro, deveriam se envergonhar).

Imagine que Lizzo, em vez de ser gorda, tivesse epilepsia. Nesse caso, sua mensagem para os fãs poderia ser que convulsões epiléticas não eram motivo de vergonha, e nem um obstáculo para se tornar uma estrela internacional. Será que o mesmo coro de provocadores a pressionaria a fazer cirurgia cerebral ou tomar remédios mais fortes? Acredito que não, porque a epilepsia não é vista como "culpa" dela. Não é resultado de uma escolha que ela fez. Tampouco o é ser gorda, mas assim se considera. Falsas escolhas, como vimos, são as vigas que mantêm a vergonha em pé.

Lizzo não precisa de defesa contra os provocadores, porque a provocação só funciona quando o alvo se sente envergonhado. Ela decerto se sente bem consigo mesma. Mesmo assim, muitas pessoas correram em sua defesa nas mídias sociais. Algumas levantaram pontos excelentes. A escritora Melissa Florer-Bixler comentou sobre a resistência e condição atlética de Rizzo num *tweet*. "Tente correr a 10 km/h usando salto e cantando a letra de 'Truth Hurts' sem soar ofegante", escreveu. "Pare na metade e toque flauta por um minuto. Então comece a correr de novo até o fim da música. Agora faça isso por duas horas seguidas."

O ponto principal, porém, não é que Lizzo pareça ter uma ótima condição cardiovascular, e sim que ela está vivendo a vida ao máximo, sem deixar a vergonha corporal derrubá-la.

Nesse sentido, ao menos, ela está livre da vergonha, ou "despudorada". Nós costumamos usar essa palavra de maneira negativa. Uma criança fazendo xixi em público, por exemplo, é despudorada, por não estar constrangida pelos padrões da sociedade. No entanto, quando essas mesmas normas, e as indústrias que lucram com elas, atacam as pessoas comuns, o despudor pode ser uma resposta saudável e libertadora, até mesmo um superpoder. No campo da obesidade, uma forte dose de despudor é a poção da qual todos precisamos.

E essa deve ser a mensagem para as crianças. Quando se trata de saúde, o foco não deve ser no que está errado nelas ou em supostas limitações. Sei na prática quão destrutivo isso pode ser. Dietas podem causar nas crianças um mundo de dor, gerando problemas crônicos de imagem corporal, dietas ioiô e distúrbios alimentares. A alternativa seria o foco em apreciar bons alimentos, manter-se ativos e brincar.

Os efeitos do constrangimento dietético na infância podem se estender por décadas. Um estudo de 2019 publicado no *Journal of Adolescent Health* concluiu que crianças cujos pais as estimulam a fazer dieta com frequência muitas vezes acabam tendo parceiros que desempenham a mesma função — e que essas pessoas têm mais probabilidade estatística de lutar contra o peso ao longo da vida.

No entanto, essa abordagem livre de vergonha dificilmente serve ao modelo de negócio da indústria da dieta. A estratégia, cada vez mais, é de pressionar por métodos de dieta para crianças. Em 2018, mesmo ano em que o Vigilantes do Peso foi rebatizado para WW (de *Weight Watchers*), a empresa adquiriu o Kurbo Health, fruto do Programa Pediátrico de Redução de Peso de Stanford. No ano seguinte, a WW lançou o Kurbo, mirando crianças de 8 a 17 anos. Em seu site, a empresa dá uma aula magna de crítica disfarçada, advertindo que crianças pesadas podem sofrer de diabetes, pressão alta e outros riscos à saúde: "Assim, se seu filho ou filha estiver acima do peso, ajudá-los a alcançar um peso mais saudável é uma das melhores coisas que você pode fazer por eles agora e para o futuro".

As crianças ganham um *app* para *smartphone*, em que registram o que comem. As comidas são marcadas como verde (ótimo), amarelo (OK) e vermelho (cautela). Elas também têm uma reunião por vídeo uma vez na semana com um *coach*.

Posso imaginar como deve ser essa reunião depois de a criança ter deslizado na dieta. Vejo um cliente do Kurbo, talvez uma menina de onze anos de idade, acordando de manhã no dia da reunião semanal, cheia de ansiedade e desejando poder *hackear* a balança ou pular todo o processo.

Lamentavelmente, porém, o poderoso complexo industrial da vergonha tem interesse em sua infelicidade. Ele monetiza as falsas premissas e a ciência duvidosa que a maioria de nós aceita e as usam para atacar os mais fracos, de maneira implacável. Para essa garota, como para o resto de nós, o alívio virá apenas quando conseguir se libertar de ciclos intergeracionais da vergonha.

CAPÍTULO 2
TRANSFERINDO A CULPA

Debaixo de uma ponte em Daytona Beach, Flórida, uma mãe de três filhos chamada Blossom Rogers tentava dormir no banco de trás de sua castigada minivan. Blossom era viciada em *crack* havia quase duas décadas. Anos antes, depois de deixar seus três filhos com sua mãe e avó, ela seguiu com o vício. Isso a levou a roubar, a se prostituir e ao que parecia um ciclo sem fim de prisões e reabilitações fracassadas. Ela até mesmo passou certo tempo em um hospital psiquiátrico.

Numa noite quente de 2004, ela ouvia o passar dos carros e caminhões acima dela. "Todas essas pessoas têm vidas", lembra ter pensado. "E eu não." Algumas noites depois, Blossom sentou-se em uma boca de fumo e, entre tragadas no cachimbo, escreveu uma carta a Deus, pedindo ajuda.

Em diversos níveis, a vergonha era uma constante em sua vida. A sociedade convencional, ela sabia, incluindo todas aquelas pessoas cruzando a ponte acima, viam-na como desprezível, uma causa perdida. Haviam-na descartado. Ela era igualmente dura consigo própria. Ela me contou que não culpava os outros pela forma como a enxergavam, já que também tinha uma autoestima deplorável. A autoaversão, e a discrição em torno dela, colocou Blossom cada vez mais para baixo e a manteve na condição de penúria em que se achava.

A história de Blossom começa em 1966, quando nasceu de uma mãe adolescente em New Smyrna Beach, Flórida. Seu pai não estava por perto, e Blossom passou seus primeiros anos com a bisavó. Quando tinha 5 anos, sua bisavó tentou aliviar uma infecção de pele de Blossom dando a ela licor de malte para beber. Desde então, ela diz ter sofrido com o alcoolismo, entre outros vícios. Outra de suas memórias antigas daquela casa era de um homem abrindo o zíper da calça e dizendo a ela para beijar sua "minhoca".

Quando sua mãe se casou, Blossom mudou de lar. Ali também não era um refúgio.

Seu padrasto a molestou sexualmente, diz ela, por anos. Quando ela ameaçava contar à mãe, a resposta dele funcionava sempre: "ninguém vai acreditar em você".

"Sentia que minha infância havia sido roubada de mim", diz. E qualquer aparência de infância terminou quando ela engravidou aos 16 anos. Seu plano na época era fugir de seu padrasto e começar a sua própria família.

Blossom passou a ter relacionamentos difíceis com homens. Depois de sair de casa, ela teve mais dois filhos até, enfim, encontrar um homem em quem confiasse. Ela sofria violência doméstica e acabou se viciando em *crack*. Embora enchesse a vida de Blossom de sofrimento, o marido também oferecia alívio. "Sentia tanta dor dentro de mim", diz. "E quando fumava *crack*, parecia que toda a dor ia embora."

O vício passou a dominar sua vida. Ela se lembra de uma noite chuvosa em que andava de bicicleta "como a bruxa em *O mágico de Oz*", encarando relâmpagos e trovões, usando uma sacola plástica na cabeça enquanto buscava pelo "fornecedor de pedra".

Pelas duas décadas seguintes, ela carregou consigo o abuso sexual como um segredo obscuro e vergonhoso. "Aquilo me fazia sentir como se eu não tivesse valor." Essa é uma característica da vergonha crônica: nos consome em dúvidas sobre nosso próprio valor, nos deixando sem energia para reagir contra nossos opressores.

Não é de surpreender que haja correlações entre a vergonha e o vício. Um estudo de 2012 realizado por pesquisadores australianos descobriu que pessoas propensas à vergonha tinham mais probabilidade de sofrer de alcoolismo "como um meio de lidar com a situação". E um estudo de 2001 feito com mulheres frequentadoras do Alcoólicos Anônimos descobriu que pessoas lutando contra o vício que tinham níveis mais altos de vergonha eram mais propensas à recaídas.

Mesmo assim, muitos métodos de recuperação são baseados na vergonha, em culpar as pessoas por seus vícios, mesmo que estudos alertem que tal abordagem seja contraprodutiva. Pesquisadores de Psicologia da UCLA dividiram 77 fumantes em dois grupos e deram a cada participante oito cigarros, um isqueiro e um cinzeiro. Foram oferecidas recompensas em dinheiro a quem resistisse à tentação durante a hora em que foram deixados a sós.

Um dos grupos, no entanto, foi exposto a estereótipos negativos coletados de campanhas antitabagistas. Eles foram submetidos à vergonha explícita, que questionava sua força de vontade e dedicação à saúde.

O grupo exposto às mensagens estigmatizantes acendeu o cigarro primeiro. 70% deles começaram a fumar dentro dos primeiros vinte minutos, comparados aos 40% do grupo de controle. Os pesquisadores teorizaram que os fumantes respondiam à ameaça de estereótipo. Quando isso ocorre, as preocupações e medos das pessoas inundam suas mentes — desviando seus esforços de contrariar os estereótipos.

A vergonha, no entanto, não trabalha sozinha. Pressão de colegas, tédio e desespero, todos têm um papel em comportamentos viciantes, bem como um conjunto de indicadores biológicos, muitos ainda envoltos em mistério. Para Blossom Rogers, havia também o encanto da diversão. "Tudo no *crack* me agradava", ela se lembra. "A vida acelerada, as orgias. Entretanto, eu não gostava das consequências."

Ela era uma mulher em extrema necessidade de ajuda e compaixão, mas a sociedade impingia-lhe ainda mais vergonha, junto com centenas de milhares de outras pessoas viciadas em *crack*. A epidemia, que explodiu nos centros das cidades nos anos 1980, fornece um caso típico de vitimização dos afligidos. A sociedade atacou os mais fracos duramente, desencadeando ciclos tóxicos de vergonha. Em contraste absoluto com os palhaços das culturas Pueblo, que incentivavam os membros da comunidade de volta à inclusão e aos valores compartilhados, a vergonha que recaía sobre as pessoas com vício em *crack* apenas piorava o flagelo. Destruía vidas, famílias e comunidades inteiras.

A tragédia do *crack* começou com um esquema de marketing maligno, um que serviria de ótimo estudo de caso em faculdades de negócios. Enfrentando uma fartura de cocaína e de quedas nos preços, traficantes do início dos anos 1980 expandiram seu mercado de forma dramática ao criar uma forma barata e fumável da droga, que por acaso era viciante muito além da medida, intensificando ainda mais a estratégia de negócios.

Centenas de milhares de pessoas foram fisgadas pela droga conforme ela corria pelas cidades dos Estados Unidos causando pânico em massa. De acordo com reportagens sensacionalistas de jornais e TVs, o *crack* as tornava endoidecidas e bastante perigosas. A violência armada era desenfreada. Mulheres negras viciadas davam à luz aos chamados bebês do *crack*, que, ao que parece, sofriam terríveis crises de abstinência.

Como outras máquinas da vergonha, a dos bebês do *crack* era baseada em ciência duvidosa. Relatórios aceitos como verdade absoluta por muitos políticos e jornais prediziam que traços de cocaína iriam superestimular o cérebro do feto, o que resultaria em hiperagressividade, depressão bipolar e distúrbio do déficit de atenção. John Silber, então presidente da Boston University, foi além. Ele alegou que os bebês iriam crescer com mentes tão atrofiadas que jamais alcançariam "consciência de Deus". O colunista Charles Krauthammer escreveu que "suas vidas serão de sofrimento certo, de provável desvio, de permanente inferioridade".

Essa "ciência" infundada se encaixava na narrativa de fracasso e aberração, e pôs a vergonha numa sobremarcha punitiva. No verão de 1989, uma mulher de 23 anos chamada Jennifer Clarice Johnson deu à luz um bebê e foi prontamente acusada na Flórida de distribuir drogas à crianças menores de idade. Já que a lei não se aplicava a fetos, os promotores se concentraram nos primeiros sessenta segundos após o nascimento, antes de o cordão umbilical ser cortado. Johnson foi considerada culpada, um recurso foi sustentado, e a jovem mãe foi sentenciada a 14 anos de liberdade condicional mais a reabilitação.

Era razoável, é claro, se preocupar com os efeitos das drogas nos fetos, mas muitas das análises eram baseadas em associações fracas. Os danos que a síndrome alcoólica fetal podiam infligir sobre um cérebro em desenvolvimento eram bem documentados. Então era plausível, aos olhos de muitos, que uma droga tão perigosa e viciante quanto o *crack* pudesse ser ainda pior. Fora isso, parecia certo que, aos olhos da sociedade, essas pessoas que fizeram más escolhas sofressem as consequências.

Entretanto as assustadoras previsões a respeito do desenvolvimento cerebral dos bebês do *crack* se mostraram falsas. Muitas dessas crianças, com certeza, enfrentaram grandes desafios, da pobreza aos pais batalhando contra o vício. Porém o *crack*, ao contrário do álcool, não alterava seus cérebros.

<☠/>

A epidemia tinha um rosto, e, no imaginário popular, era negro. E tinha uma localização geográfica, as duras ruas das cidades dos Estados Unidos. Esses eram os bairros em que os cidadãos de classe média pouco se aventuravam. Se por acaso passassem por ali, trancariam as portas e fechariam as janelas do carro, sem parar até mesmo para trocar um pneu furado. Em suma, esses bairros assolados pela epidemia pareciam ser o inferno na terra.

Quem eram os responsáveis por tal bagunça infernal? Aos olhos do público que constrangia, tratava-se, uma vez mais, das pessoas que faziam más escolhas. Quando lhe ofereceram um cachimbo e um isqueiro, Blossom deveria ter dito não. Ao invés disso, disse sim. Portanto ela, e outros como ela, eram responsáveis por seus problemas e deveriam se envergonhar disso. Pessoas viciadas em *crack* haviam desrespeitado as regras da sociedade. Elas por certo não tinham os valores ou a determinação para vencer.

Essa era a opinião da classe dominante, dos formuladores de políticas públicas, de líderes de negócios, e, na verdade, da maioria dos cidadãos com boas condições de vida. Seus filhos, afinal, faziam as escolhas certas. Em vez de consumir drogas sentados em esquinas e furtar lojas de conveniência, praticavam esportes universitários ou violino. Sim, talvez eles perdessem tempo demais com videogames ou atarefados na escola. E, é claro, muitos experimentavam drogas e bebiam. Mas, enquanto população, se moviam na direção certa, rumo a um futuro brilhante, estudando para o vestibular e preenchendo seus currículos com todo o tipo de atividade extracurricular.

Em outras palavras, a resposta para a epidemia do *crack*, na maior parte dos Estados Unidos, era culpar as vítimas. Isso significava tomar apenas medidas mínimas para ajudar as comunidades afetadas a enfrentar essa assustadora crise de saúde pública. Os legisladores, porém, impuseram punições draconianas e tentaram se distanciar do problema. Centenas de milhares, incluindo números enormes de jovens negros, foram encarcerados por delitos relacionados ao *crack*, muitos com sentenças indecentemente longas.

O *crack*, se acreditava, era uma droga muito mais assustadora que a cocaína, sua prima química mais cara. O *crack* tornava as pessoas violentas, era mais viciante. Enquanto a cocaína era um flagelo, o *crack* era um incêndio feroz incontrolável. Contudo, havia outra questão, muitas vezes não dita: as pessoas que faziam as leis tinham familiaridade com a cocaína. Conheciam-na dos quartos e festas da faculdade; um bom número delas já havia cheirado algumas linhas. O *crack*, aos olhos delas, era uma droga de "gueto". Associavam-na com outras pessoas.

No auge da epidemia do *crack*, essa distinção foi codificada numa lei federal racista. A chamada regra 100-para-1, aprovada em 1986, estipulou uma sentença de no mínimo cinco anos por porte de quinhentos gramas de cocaína. Em contrapartida, quem portasse míseros cinco gramas de *crack* sofreria a mesma pena. Ou seja, um banqueiro pego no banheiro com cem gramas de cocaína, valendo cerca de 25 mil dólares, poderia muitas vezes escapar da prisão. Um garoto do centro da cidade com uma ampola de *crack* de 15 dólares, por sua vez, seria preso por pelo menos cinco anos.

Bairros urbanos, que já sofriam na pandemia, viram seus jovens serem mandados embora. Estavam impotentes, enterrados sob muitas camadas de punição e vergonha bancadas pelo Estado. Para começar, o termo para os usuários era "viciado". Não se tratava de uma condição na qual se encontravam, como desempregado, ou uma doença da qual sofriam, como câncer ou depressão. A palavra era usada como substantivo. "Viciado" designava aquelas pessoas e era quase sinônimo de "escolha errada". A palavra refletia seus princípios falhos e caminhos erráticos pela vida.

Homens jovens, sobretudo negros, também foram constrangidos por terem se envolvido em problemas e abandonado suas famílias. Todavia, trancafiar centenas de milhares deles só fez a situação piorar. Envolveu-os num rótulo. Além de serem pobres, negros e viciados, agora carregavam o estigma de criminosos, o que quase eliminava todas as oportunidades de trabalho legal. E quando muitos retornavam para a única atividade que sabiam fazer e eram pegos de novo, eram mandados para cumprir sentenças ainda mais longas. Em alguns estados, as leis do tipo "Três faltas, está eliminado" os colocavam atrás das grades para sempre. A sociedade não queria investir nessas vidas. Preferia, em vez disso, escondê-las.

Assim sendo, o estigma resulta em vergonha, porque sinaliza quem é e quem não é valorizado aos olhos da sociedade. Quando instituições e governos atribuem a si papéis estigmatizantes, criam sistema de mérito atribuído. Em outras palavras, se o mundo todo lhe diz que você não tem valor, muitas vezes você acaba se sentindo assim. O resultado: a epidemia de *crack* desencadeou um frenesi de vergonha que atacou os mais fracos.

Qual era a alternativa? Pense em Blossom tentando dormir debaixo da ponte na Flórida. Se ela fosse sua irmã ou filha, o que você iria sugerir? O primeiro passo, sem dúvida, seria ajudá-la a vencer o vício. A reabilitação funcionaria melhor se ela tivesse um lugar seguro para viver, de preferência cercada por uma comunidade acolhedora, talvez incluindo os filhos dela. O treinamento profissional a prepararia para o futuro.

Esse caminho, no entanto, requer empatia. Significa olhar para os usuários de drogas não como perdedores ou marginais, mas como membros da família — mesmo que apenas parte de nossa família humana — que precisam de ajuda.

A empatia, porém, requer esforço, sobretudo quando envolve pessoas que não conhecemos, pois é muito mais fácil para a sociedade constranger as vítimas e relegá-las ao campo dos outros — gente com valores discrepantes que fazem escolhas estúpidas e desastradas. Era isso que tornava as políticas racistas tão atraentes: era outra forma de "outrar" as pessoas com vícios. A opção padrão era manter uma distância emocional segura e deixá-las marinando nos próprios problemas.

Característico dessa mentalidade é um artigo de opinião de 1989 do jornal *The Boston Globe*. Escrito por um médico de um hospital em Washington D.C., as mães de bebês nascidos com dependência de *crack* são assim descritas: "São mulheres que vivem na sujeira". Seus vícios representam "uma resposta deveras egoísta (...). Elas não ligam para quase nada". Dessa perspectiva, predominante nos Estados Unidos na época, os viciados em *crack* habitavam um universo distante e amoral.

Empatia requer tempo e atenção. Até mesmo pessoas bem-intencionadas são ocupadas. As pessoas fora dos bairros devastados por drogas e crimes tinham empregos a que se dedicar, filhos para criar e contas a pagar. Para a grande maioria delas, encontrar tempo livre para se preocupar com viciados em drogas era inviável. E, como as vítimas foram fisicamente removidas do *mainstream* social, enclausuradas em seus bairros devastados, era muito mais fácil ignorá-las.

E há também o dinheiro. Programas de reabilitação eram caros, bem como aposentos, comida e terapia contínua. A cadeia, é claro, custava ainda mais — cerca de 30 mil dólares por ano, um salário decente de classe média na época, em prisões federais (a terceirização da gestão de prisões para empresas privadas rendia lucro e receitas de mais de 3 bilhões de dólares por ano em 2018). No entanto, para o público que constrange, a cadeia parecia apropriada mesmo com o incômodo financeiro. Dava aos infratores a punição que mereciam. Ao oferecer serviços gratuitos, terapia e casas de passagem os deixariam mimados.

Se procurarmos bem, conseguiremos encontrar exemplos de pessoas que vencem o vício. E suas histórias — como aquelas das raras pessoas que têm sucesso fazendo dietas — sustentam nossas narrativas de constrangimento.

Isso nos traz de volta a Blossom Rogers. Em entrevistas a programas cristãos e nos três livros que escreveu, ela agradece a Deus por sua recuperação. E é verdade que a fé, junto do apoio de uma comunidade religiosa, pode fornecer ajuda valiosa a pessoas lidando com vícios.

Contudo, as impressões causadas por sua história reforçam os mitos que sustentam o venenoso *status quo* de ataque aos desfavorecidos. Pareceria que uma mulher que fez uma longa série de más escolhas — optando por gravidezes, drogas e amantes abusivos — conseguiu se superar. Mediante sua força de vontade e sua fé, ela abandonou as decisões erradas em troca das certas. Se ao menos mais pessoas seguissem o caminho da salvação!

Blossom é uma sobrevivente. Ela é uma pessoa extraordinária de espírito excepcional. Contudo, histórias inspiradoras como a dela são a exceção, não a regra. Essa é a questão. Caso contrário, não seriam dignas de nota. Elas também se encaixam na nossa agenda. Se Blossom consegue recuperar sua vida, segundo essa lógica outros também conseguiriam. Cabe a eles. Não há necessidade de ser solidário ou ter empatia. Na verdade, podemos continuar atacando os desfavorecidos sem piedade, nos sentindo virtuosos em nossas escolhas enquanto os constrangemos pelas deles. Podemos despachá-los para favelas e cadeias que nunca vimos. E quando estiverem prontos para mudar seus modos vergonhosos, bem, estarão por conta própria.

O outro detalhe crucial sobre a história de Blossom é que além de sua fé e força interior, ela gozou de uma reabilitação eficaz. Depois de se registrar num hospital psiquiátrico, onde ficou por três dias, ela foi enviada a uma casa transitória de reabilitação, que fornecia aconselhamento e um ambiente seguro e livre de drogas.

Isso levanta uma ressalva importante. Um contingente subdimensionado de pessoas em igrejas, hospitais e clínicas de fato lutam contra a máquina da vergonha do vício, trabalhando duro em benefício das vítimas. Tais instituições são, por infelicidade, carentes de recursos, no entanto têm seus sucessos. Blossom Rogers é um. Conheço outros.

Na primavera do meu segundo ano no Ensino Médio, eu estava muito mal, deprimida ao extremo e correndo risco de cometer suicídio. Parei no Emerson Hospital, perto da minha casa em Lexington. Minha colega de quarto era anoréxica, porém a maioria de meus colegas pacientes haviam sido atingidos pela epidemia de drogas que devastava bairros perigosos dos quais eu havia ouvido falar, mas nunca tinha visto. Alguns eram viciados em heroína. Outros, cocaína. Entretanto, a maioria deles era viciada em *crack*. Afinal, estávamos em 1987.

Se eu mesma não estivesse na pior, jamais teria encontrado pessoas feridas como eu, muito menos me conectado com elas. Todavia uma coisa estranha e bela pode acontecer na ala psiquiátrica de um hospital. Nossa vergonha mútua se provou uma ótima equalizadora. Todos nós estávamos seriamente abalados de uma forma ou outra. Do ponto de vista privilegiado da sociedade, havíamos tomado más decisões. Mas como estávamos no mesmo barco, não havia porque nos afligirmos com a vergonha. Podíamos falar sobre nossas vidas sem julgamentos. Era um refúgio da máquina da vergonha.

Na terapia em grupo, toda voz era bem-vinda e a empatia era abundante. Contei histórias escondidas há muito tempo — sobre minha infância, minha família, minha vergonha causada por abuso sexual. Algumas delas jamais sequer haviam passado pela minha mente consciente. E ouvi outros testemunhos angustiantes de abuso infantil e sofrimento, de vícios e traições, que eram muito mais graves que as minhas histórias. Passei a ver meus colegas pacientes não como criminosos ou derrotados, mas como refugiados de zonas de guerra psicológicas.

Era um grupo em que as pessoas não monitoravam o meu peso, esmiuçando cada quilo, como eu havia aprendido a fazer com meus pais. Não competiam comigo por notas ou me expulsavam como uma esquisita, como fizeram no colégio. Com eles, eu era apenas eu mesma. Foi a primeira vez na minha vida que me dei conta de que havia um mundo para além da minha casa e escola — um mundo em que eu seria aceita como eu era. Com eles, pela primeira vez, me senti perdoável.

<☠/>

Hoje em dia, uma garota branca de um bairro agradável não precisa dar entrada num hospital psiquiátrico para ter pontos em comum com pessoas viciadas em drogas. Os usuários não são mais escondidos do resto de nós. Enquanto a epidemia do *crack* era amplamente confinada às cidades, a crise de analgésicos opioides do século XXI se espalha pelo mapa, dos subúrbios às cidades rurais. É um flagelo mais equânime.

Mesmo sem o *redlining* (discriminação com base em CEP) da crise do *crack*, porém, criamos fronteiras em nossas mentes. Tendemos a separar populações de drogadictos, constrangendo alguns deles e poupando outros de julgamentos mais severos. Veteranos de guerra que se viciaram em opioides para controle de dor, poderíamos dizer, não devem ser colocados no mesmo grupo ensopado de vergonha que indivíduos cochilando na Market Street de São Francisco depois de injetar heroína. O primeiro grupo é inocente; o segundo, culpado.

Mas essas distinções se provam ilusórias. Algumas dessas pessoas usando heroína na rua podem muito bem ser veteranos de guerra. Outras podem ser ex-membros do Congresso, diretores de fundos de investimentos, mães de classe média. O que quer que tenha causado o vício de cada pessoa agora é passado, e o mal com o qual estão lidando é uma doença perigosa. No desespero, pessoas lutando contra o vício pulam de dose em dose — de OxyContin a heroína a fentanil — qualquer coisa que estiver à mão e que sirva para aliviar a tortura da abstinência. Assim, a composição química do vício de uma pessoa depende menos do gosto, valores ou cultura e mais da rede de abastecimento, quer seja originada em laboratórios da indústria farmacêutica ou em campos de papoula no México. A escolha da droga é sobremodo feita em função da economia, em especial preço e disponibilidade.

O vício que essas drogas criam é acompanhado de profunda vergonha, o que impede o afligido de buscar a assistência que precisa. Grande parte da sociedade, fixada no comportamento aberrante dos usuários de drogas, se recusa a ajudar — tanto com terapia quanto com medicação substituta. Em vez disso, leva-os aos milhares para a prisão. Empresas de capital aberto, de gigantes farmacêuticas a prisões privadas, se beneficiam desse sinistro *status quo* e perpetuam seus impérios jogando a culpa nas vítimas e as constrangendo até que passem a aderir a suas ofertas. Equipes fraudulentas de reabilitação transformam a tragédia numa farsa cruel através da chamada terapia de trabalho, o que em alguns lugares equivale à servidão forçada. Tudo isso aprofunda o ciclo da vergonha, que nutre as indústrias cruéis. Quanto mais vergonha houver no público-alvo, mais abundantes serão os lucros.

Contudo, só até certo ponto. De certo modo, os fornecedores de drogas viciantes, quer seja heroína ou OxyContin, prosperam com nossa doença. Nisso são muito parecidos com a população de protozoários que habitam nossos corpos. O plasmódio, por exemplo, pega carona no mosquito do gênero *Anopheles* e infecta suas vítimas com malária. Esses protozoários, bem como os fabricantes parasitários de analgésicos viciantes, florescem enquanto o corpo do hospedeiro sofre, porém navegam por um equilíbrio delicado: se o hospedeiro morrer, a fonte de sustento também deixa de existir.

Isso me leva, lamentavelmente, à história de Jeff Pleus. A experiência de Jeff, um estudante universitário branco de Binghamton, Nova Iorque, mostra as diferenças — de diversidade cultural e extensão geográfica — entre as epidemias dos opioides e a do *crack*.

Mas também nos mostra que quase nada mudou. Como as vítimas da crise do *crack*, incluindo Blossom, Jeff sofreu por debaixo de camadas e camadas de vergonha. Isso o silenciou e o castigou, ao mesmo tempo em que criou fontes de receitas corporativas.

No colégio, Jeff tinha boas notas. Como muitos de seus colegas, ele experimentava drogas e fumava um baseado. Contou à sua mãe, Alexis, que havia usado cocaína algumas vezes. As universidades são cheias de pessoas assim, e muitas seguem carreiras de sucesso. Ao contrário de Blossom no mesmo período da vida, quando ela foi vitimada pela pobreza e abusos sexuais, Jeff tinha poucos motivos para se sentir envergonhado.

Quando estava no primeiro ano do colégio, em 2003, passou por uma cirurgia no joelho. O médico prescreveu OxyContin para a dor. Esse analgésico opioide havia sido lançado com muito alarde apenas sete anos antes pela Purdue Pharma, de Hartford, Connecticut. Em mais outro exemplo de ciência falsa envolvendo vícios, a Purdue divulgou a droga como uma alternativa analgésica segura que não causava dependência. Era uma pílula de liberação controlada, feita para durar o dia todo. O hiperagressivo setor nacional de vendas da empresa, buscando gordos bônus ao alcançar metas, poliu e repetiu tal mentira enquanto vendia o Oxy para médicos e hospitais de todo os Estados Unidos.

A mãe de Jeff me disse que, na época, não estava ciente dos riscos. Ela se lembra de insistir com o filho para que tomasse a droga. "Já tomou o seu remédio para dor?", perguntava.

Um dia, dentro do carro, Jeff disse: "mãe, acho que estou começando a gostar um pouco demais dessas pílulas".

"Melhor parar, então", ela respondeu.

O que ela não compreendeu na época, e agora percebe, é que Jeff pedia ajuda. Como muitos de nós, Alexis havia sido socializada para ver o vício como uma escolha: caso seu filho sentisse a ameaça do vício, e era claro que sentia, ele tomaria a decisão certa. Ele evitaria problemas. Mas naquele ponto o vício de Jeff já havia saído de seu controle e crescia a cada dia que passava. Conforme a dependência aumentava, também aumentava a sua vergonha. Naturalmente, ele seguiu o principal mandamento da vergonha, e escondeu o vício.

E tinha razões para tanto. Pessoas com transtorno de uso de substâncias, afinal, eram tidas como perdedoras. A Purdue, fabricante da droga viciante, fazia questão de reforçar esse estigma.

Em todo o país, a epidemia de opioides se espalhava. Chegaria a matar cerca de 400 mil pessoas em solo americano nas duas décadas seguintes. O público, de autoridades sanitárias a advogados, começava a levantar dúvidas sobre o papel do OxyContin na crise. A estratégia da empresa foi de culpar os usuários da substância. Em um *e-mail* interno de 2001, Richard Sackler, ex-presidente da companhia, escreveu: "Temos que malhar os usuários compulsivos de todas as formas possíveis. Eles são os culpados e neles reside o problema. São criminosos irresponsáveis".

Nesse ambiente impiedoso, pessoas como Jeff davam duro para mascarar seus vícios. Ele havia concluído o colégio Windsor Central e depois a State University of New York em Morrisville. Conseguira um emprego. Sua mãe acreditava que o filho estava bem. A cirurgia no joelho e os analgésicos que havia tomado eram apenas uma memória distante.

Então um dia, em 2011, do nada, ela recebeu uma ligação da polícia. Jeff havia sido preso por roubo. Alexis ficou em choque. Seu filho nunca tinha se comportado mal. Quando falou com ele pelo telefone, ele insistiu que era inocente, e ela acreditou. Entretanto, quando tentava entender o caso do filho com um defensor público, ouviu-o dizer: "muitas das atitudes de viciados em heroína não fazem sentido".

"Foi como um soco no estômago", Alexis me contou. Quando confrontou o filho, ele caiu em lágrimas. "Desculpe, mãe. Estou tão envergonhado. Estou tão constrangido. Eu precisava de ajuda. Preciso de ajuda. Mas não ousei te dizer nada porque estava muito envergonhado."

Nesse ponto, você poderia imaginar que Jeff estava no caminho da recuperação. Afinal, havia contado a verdade para a mãe e se libertado do ciclo da vergonha. Agora não precisava mais se esconder. Com o apoio de uma família amorosa, poderia lutar contra o vício na reabilitação. Não obstante ele encontrou uma sociedade muito mais disposta a enviar pessoas com vícios para a prisão do que para uma reabilitação eficaz. "Tínhamos um excelente plano de saúde", Alexis disse, "topo de linha". E, no entanto, quando ela conseguiu tirar Jeff da prisão depois de cinco semanas e começou a ligar para casas de reabilitação, descobriu que como ele não havia usado drogas desde que tinha sido preso, ele não se qualificava para o tratamento.

A resposta da sociedade para o vício em opioides de Jeff era, para todos os efeitos, dispensá-lo. A mensagem era para parar de usar ou, como repetia a primeira-dama Nancy Reagan nos anos 1980, "apenas diga não". Para boa parte do público isso soava como um simples conselho, mas, para pessoas sofrendo com vícios, era insultante e humilhante. Uma vez mais o vício era retratado como uma escolha, e o claro, embora não verbalizado, julgamento era que todos os que fracassavam em "apenas dizer não" eram culpados por fazer escolhas tolas e calamitosas. A sociedade podia se esquecer deles. Sua ruína era obra deles próprios.

Como era de se esperar, uma estratégia que proporcionava muita vergonha e pouca ajuda de verdade falhou por completo. E a maioria das vítimas estava condenada a ser deixada de lado, fosse definhando na prisão ou por *overdose*.

De longe, a terapia mais eficaz para vício em opioides prevê aconselhamento comportamental ao paciente, junto de drogas substitutas, tais como metadona e buprenorfina. Embora não haja remédios para aplacar a dependência de pessoas viciadas em *crack*, drogas substitutas fornecem-lhes uma corda de segurança. Conhecido como Tratamento Assistido por Medicação (MAT, na sigla em inglês), ele "reduz de forma significativa o uso de opioides ilícitos em comparação com abordagens sem uso de medicações", de acordo com um estudo de 2016 do Pew Charitable Trusts. Mais acesso a essas terapias pode reduzir as fatalidades por *overdose*, bem como os riscos associados, tais como HIV, Hepatite C e violência nas ruas.

Os defensores de vítimas de vícios, no entanto, têm dificuldades de promover o MAT para um público descrente. Uma razão é que a terapia aceita o vício como uma doença que deve ser combatida com remédios, e não como uma escolha errada e vergonhosa. O MAT se concentra em recuperar as vidas e relacionamentos das pessoas, libertando-as da dependência de drogas perigosas que as conduzem ao crime e podem matar. Mas o MAT, ao menos em suas etapas iniciais, não derrota o mal. Em vez disso, substitui uma dependência por outra.

Isso não satisfaz um *ethos* público definido pela vergonha. Parece fazer as vontades de pessoas com vícios, em vez de pressioná-las a mudar seu comportamento. Além disso, o MAT custa caro.

O governo, dando o devido crédito, defendeu mais terapia. Tanto o segundo governo Bush quanto o de Obama aprovaram legislação forçando seguradoras de saúde a reembolsar alguns tratamentos de reabilitação. No entanto, não conseguiram instituir padrões firmes e melhores práticas. O resultado é uma abundante fonte de receitas, que alimenta um mercado vasto, selvagem e sem regulamentação.

    É uma indústria de 35 bilhões de dólares repleta de golpistas, promessas superficiais e ciência fraudulenta. E mais, é baseada na premissa falsa de que uma semana ou um mês na reabilitação — independentemente de como seja feita — irá tratar o paciente. Entretanto, a reabilitação não é como reposição de quadril ou remoção de amígdalas. Leva tempo. Há revezes. Terapias que tratam o vício como algo que pode ser curado em um mês via de regra levam à recaídas e à reincidência. Assim, quem têm vícios, como Blossom e Jeff, passam por breves períodos em reabilitações, nas ruas e na cadeia, muitos sem nunca conseguir uma recuperação total. A sociedade os vê como perdedores. E conforme eles aceitam esse veredito, a vergonha que sentem se aprofunda.

    Por que não gastamos o dinheiro necessário para tratar o vício como uma doença crônica? Porque é mais fácil e barato constranger as pessoas dependentes de drogas e álcool e lavar as mãos. Compare, por exemplo, alguém viciado em opioides com outra pessoa sofrendo de falência dos rins. Os planos de saúde são generosos ao pagar para manter pacientes renais não apenas por um mês ou dois, mas pelo tempo que precisarem do tratamento. O governo, por meio do Medicare, assim determina. A hemodiálise é uma indústria multibilionária. É também um pilar econômico de cidades como Denver, onde se encontra a sede da DaVita, Inc., a titã do ramo.

Em um sentido bastante real, porém, uma sessão de hemodiálise é como uma dose de metadona. Ambas as terapias impedem que os pacientes sejam devastados pela doença e os mantêm até que precisem do tratamento outra vez.

Agora imagine se as pessoas vissem rins defeituosos como algo vergonhoso, e se governos e seguradoras, interpretando esse estado de espírito, gastassem muito pouco com financiamento para hemodiálise. Em tal cenário, os pacientes renais estariam numa busca sem fim pelo tratamento e pelo dinheiro para pagá-lo. Com os rins falhando e a dor subjugando seus corpos, alguns ficariam frenéticos. No desespero, alguns poderiam assaltar lojas de conveniência ou furtar bolsas.

Tal é a existência agonizante de uma pessoa com um vício. E, na maior parte dos casos, continuamos enquanto sociedade a atacar os mais fracos. Para muitos, o centro padrão de tratamento são as celas e prisões, cujos custos em muito superam os do tratamento MAT, mais humano. Porém trancafiar as pessoas fornece uma solução mais simples, embora cruel: tira-as das ruas e as mantém fora de vista. De acordo com a Associação Nacional de Delegados, dois terços da população carcerária estão lidando com vício ou abuso de drogas.

Algumas penitenciárias tentam tratar os detentos com medicação e fornecer aconselhamento. No entanto, lamentavelmente, estão despreparadas para o trabalho, tanto em orçamento quanto em competência. No Condado de Middlesex, uma área bastante afetada ao norte de Boston, o delegado Peter Koutoujian estima que sua penitenciária tem de fornecer o MAT a 40% dos novos detentos, ao passo que ao menos 80% da população carcerária lutam com dependência de álcool ou drogas.

Já que nosso código penal não é feito com base em reabilitação de vícios, os detentos são soltos quando cumprem a pena, independente do *status* de sua recuperação. Uma vez libertos, encontram muito pouco em termos de apoio ou casas de passagem. Estão simplesmente de volta às ruas, em geral andando com as mesmas pessoas de antes. Muitos ainda são viciados. O trágico é que a abstinência forçada na cadeia diminui sua resistência. Assim, nos primeiros dias de liberdade, uma quantidade alarmante sofre de *overdose*. Estamos falando de uma população descartável.

Jeff Pleus parecia preso no submundo do vício. Depois da primeira prisão, suas tentativas de se livrar do vício não duraram muito. Sua namorada também usava drogas. Por dois anos o casal se mudou várias vezes, perdendo apartamentos e empregos, passando alguns dias em centros de tratamento, nunca conseguindo se manter sóbrios por muito tempo. Houve detenções. Eles diziam a Alexis: "só queremos ajuda. Não consegue nos arranjar ajuda?".

Alexis, em síntese, encontrou o que pensou ser um mês de tratamento para Jeff através do seguro da família, e outro mais curto, através de uma agência do governo, para sua namorada. Depois de onze dias na unidade, Alexis se lembra, Jeff telefonou. "Ele chorava, dizendo que o estavam mandando de volta porque o seguro não iria pagar por mais dias."

Não muito tempo depois, ele foi preso e passou dez meses na cadeia. Então foi solto e ficou sóbrio por outros dez meses. Mas quando usou de novo, sua tolerância era praticamente zero, deixando-o vulnerável a uma *overdose*. Morreu aos 28 anos de idade.

<☠/>

Mesmo enquanto nossos governos economizam e fazem cortes em centros de reabilitação, estes ainda representam um forte mecanismo de lucros. A indústria varia das chamadas casas limpas, algumas operadas por pessoas com vícios, até centros de recuperação parecidos com *spas* que custam dezenas de milhares de dólares por mês. Um deles, Cliffside Malibu, na Califórnia, cobra 73 mil dólares por mês por um quarto individual e oferece tudo, de ioga a cafuné em cavalos (cobrado como "terapia equina").

Outros são escandalosamente baratos — até mesmo gratuitos —, o truque é que os pacientes ganham a estadia em troca de trabalho não remunerado. Jennifer Warren, ex-viciada em *crack*, administrava um deles. Ela disse ter sido curada em uma unidade de reabilitação no Alabama que utilizava a terapia de trabalho, e sentiu-se inspirada a abrir o próprio centro. De acordo com uma investigação de 2018 do site jornalístico *Reveal*, Warren fundou a Recovery Ventures em 2002 tanto em Raleigh quanto em Winston-Salem, na Carolina do Norte. Ela teve problemas com o conselho de licenciamento estadual por violações éticas, tais como explorar clientes. Depois de ser demitida em 2011, ela abriu outra empresa de reabilitação, a Recovery Connections, e prosseguiu com o mesmo modelo de negócios de trabalho não remunerado, desta vez cuidando de idosos e pessoas com deficiência. Simples assim.

Juízes ordenariam pessoas viciadas e emocionalmente vulneráveis a "cumprir a pena" na Recovery Connections. Cerca de quarenta pacientes em reabilitação trabalhavam lá de graça, de acordo com matéria da *Reveal*, alguns como faxineiros e cozinheiros. A maioria, no entanto, cuidava dos idosos. Isso significava dar banhos, trocar fraldas e, às vezes, até mesmo administrar as mesmas drogas nas quais eles próprios eram viciados. Chegavam a trabalhar até 18 horas por dia, sem remuneração. Essas pessoas foram reduzidas a um sistema de servidão forçada ou, se preferir, escravidão.

Como se isso não fosse o bastante, a Recovery Connections também prescrevia uma sádica terapia conhecida como Synanon. Desenvolvida nos anos 1950, ela tem como objetivo desestruturar a pessoa e supostamente remover suas defesas. Assim, depois de longos dias de trabalho, os pacientes tratavam uns aos outros como sacos de pancada para vergonha. Eles se reuniam em círculos ao redor de um azarado (e com certeza desolado) alvo. E por cinquenta minutos gritavam insultos: moleque mimado, vadia estúpida, puta desgraçada.

Surpreendentemente, apesar de processos de ex-clientes e reveladoras reportagens jornalísticas, a Recovery Connections parece ainda estar funcionando. Autoridades estatais visitam a empresa uma vez por ano, e juízes continuam a mandar para lá pessoas em recuperação de vícios. E não é o único centro de reabilitação que coloca seus pacientes para trabalhar.

Por tratar-se de um modelo de negócio que prospera com base na vergonha, é altamente improvável que sua população vulnerável, se recuperando de vícios, irá se levantar e se rebelar. Do ponto de vista da empresa, a vergonha dos clientes serve de mordaça. É um esquema que parece funcionar tanto para as agências governamentais quanto para as seguradoras: por custar bem menos que outros centros, é uma opção de bom custo-benefício para os juízes. (Eles decerto não vão mandar o povo para uma estadia de 73 mil dólares no Cliffside Malibu.)

Ambos os tipos de reabilitação, a servidão forçada na Carolina do Norte e o *spa* luxuoso na Califórnia, operam numa indústria em que vale tudo. A ciência é opcional; as altíssimas taxas de sucesso impressas nos materiais de propaganda não são verificáveis. Faça os clientes acariciar cavalos, dançar ou carregar uma nonagenária do vaso sanitário até a cama. E se a terapia falhar e o mesmo paciente voltar uma segunda ou terceira vez? O dinheiro continua fluindo. O que há de errado com fidelidade do consumidor?

    Tal indústria só existe, e cresce, porque escolhemos atacar os mais fracos: as pessoas lutando contra vícios. Sim, suas vidas são preciosas para suas famílias e amigos, mas enquanto sociedade não damos a mínima. Fora de vista, fora do pensamento. Eles deveriam se sentir envergonhados, concluímos com frieza. Para que assim possam se tratar — ou não.

CAPÍTULO 3
POBRES
E INDIGNOS

Scott Hutchins mora nas ruas da cidade de Nova Iorque e tem pulado de um abrigo para outro desde 2012. Foi quando passou por uma maré de azar, incluindo um emprego que não deu certo na Flórida e um deslocamento de disco que o deixou com dores físicas, e sem contrato de aluguel, com todas as suas coisas num depósito. Pelo que ele conta, os sistemas de assistência social e abrigos parecem projetados para fazer as pessoas se sentirem infelizes consigo próprias. Quando ficou sem teto pela primeira vez, foi enviado ao abrigo Bellevue, na Baixa Manhattan, um lugar que ele diz se parecer com uma prisão. Depois de duas semanas ali, eles o acordaram no meio da noite e disseram-lhe para colocar todas as suas coisas num saco de lixo. Ele seria transferido para outro abrigo, no Brooklyn.

Quando a crise da covid-19 chegou em 2020, transferiram Hutchins e diversos outros sem-teto outra vez — desta vez para hotéis, dois em cada quarto. Mas removeram as camas macias e as substituíram por desconfortáveis camas dobráveis. "Eles querem dificultar", diz. "Querem te deixar constrangido."

Até aqui, vimos uma abundância de oportunidades de se fazer dinheiro dentro do complexo industrial da vergonha: consultorias de perda de peso, gigantes farmacêuticas, retiros de reabilitação para viciados — todas elas criam prósperos mercados e abusam de seus clientes.

Pessoas pobres, por definição, não têm dinheiro, porém dá-se um jeito. Agiotas e universidades de araque com fins lucrativos esfolam os pobres convencendo-os a tomar dinheiro emprestado, afundando milhões deles em dívidas catastróficas. Governos estaduais os exploram com loterias de uma-chance-em-um-milhão. Proprietários locadores de espeluncas e financiadores de crédito de risco para carros prosperam à sua custa. Há dinheiro a ser feito, e pessoas desesperadas são os alvos mais fáceis.

Muito do ataque aos desfavorecidos, porém, é focado menos em tirar dinheiro de pessoas como Scott Hutchins do que em mantê-lo nas mãos dos ricos. Os pobres, desse ponto de vista, representam um custo. E o público que vota e paga impostos está ansioso para minimizar tais gastos. O governo representa essa visão, e políticos de ambos os partidos a têm nutrido, especialmente desde os anos 1980. O cerne de sua mensagem de ataque aos desfavorecidos é: não importa o pouco que você recebe, é mais do que você merece.

Essa atitude moralista dá um punho cerrado como resposta a uma mão estendida. Constranger os pobres não apenas faz as classes mais ricas economizarem dinheiro, como também faz com que se sintam virtuosas. É semelhante à autossatisfação que sentem os magros na presença de obesos e os sóbrios quando se comparam aos dependentes de drogas ou álcool. Vencemos, eles pensam. Esses outros fracassaram. É essa mentalidade, uma vez mais, que sustenta o panorama da vergonha.

Assim, as pessoas pobres não apenas estão condenadas a viver em bairros perigosos com escolas ruins e ar poluído, mendigando por comida, abrigo e transporte, mas elas também precisam suportar ondas e mais ondas de vergonha da sociedade sendo despejadas sobre elas, de cima. E se fizemos os despossuídos se sentirem envergonhados demais para pedir ajuda, se pensa, tanto melhor. Talvez isso os faça mudar de comportamento.

Muitas das políticas públicas dos Estados Unidos incorporam a opinião de que os pobres são preguiçosos. Não obstante até mesmo os políticos que culpam os pobres por sua condição têm consciência do que parece ser exceção: um subgrupo dos necessitados, os chamados pobres merecedores, isto é, pessoas que conseguem provar que tentaram trabalhar, mas sofreram alguns períodos de azar. Elas são dignas de nossa ajuda.

Perversamente, os guardiões dos privilégios parecem tão apegados a uma certa narrativa dos pobres merecedores que muitas vezes a exigem. Isso é prevalente em especial no Ensino Superior. Quando visitei uma sala de Ensino Médio de estudantes pretos e pardos do Brooklyn, eles me detalharam sobre como os processos de aprovação nas faculdades os forçavam a mergulhar em vergonha. As faculdades e universidades, da forma como veem, exigem uma certa narrativa dos estudantes desprivilegiados: uma história de superação das adversidades, de ascendência de circunstâncias terríveis e perigosas, quanto pior, melhor. Isso os coloca entre os merecedores. "Então eu deveria escrever sobre a coisa mais horrível que tinha acontecido na minha vida", diz um estudante que solicitava uma bolsa de estudos. "Uma dissertação de partir o coração. E se eu contar que era muito feliz? Não vou receber nenhum dinheiro."

O contingente dos pobres merecedores cresceu de forma explosiva em 2020 com a devastação econômica causada pela pandemia da covid-19. E, no entanto, em vez de expandirmos nossa empatia, a crise expôs a mesma dicotomia venenosa entre os merecedores e não merecedores. Mesmo políticos simpáticos e jornalistas de TV defendendo os mais necessitados contribuíram para a divisão. O bordão era de que as vítimas "não tinham culpa alguma" de estarem desocupadas. Ainda assim, os milhões que haviam perdido o emprego se viram lutando contra burocracias sobrecarregadas cujas ordens governamentais era tratar todos os solicitantes de benefícios como fraudadores em potencial, e de minimizar os gastos.

O ex-presidente Ronald Reagan era excelente em criar narrativas que constrangiam os menos favorecidos. Concorrendo contra Gerald Ford em 1976 pela indicação presidencial dos republicanos, Reagan entretinha multidões com histórias de mulheres que trapaceavam os auxílios do governo tendo mais bebês. Eram as chamadas *welfare queens*, ou rainhas do auxílio social. Elas ganhavam o bastante para dirigir Cadillacs e comer em restaurantes chiques — enquanto muitos dos apoiadores dele passavam dificuldades e lutavam para pagar as contas. Era uma narrativa "nós *versus* eles": cidadãos honestos e trabalhadores de um lado, trapaceiros do outro.

Reagan baseava suas histórias em artigos publicados nas revistas *Reader's Digest* e *Look*. Esses exemplos pinçados vieram a estigmatizar toda uma parcela da sociedade: os afro-americanos vivendo em áreas urbanas. Os homens, de acordo com tal narrativa, abandonavam suas famílias por drogas e outros crimes, enquanto as mães solteiras davam golpes no sistema de seguridade social. A conclusão era simples e muito conveniente para um movimento que defendia cortes de impostos: os cidadãos pobres urbanos escolhiam ser pobres. Nessa visão, as mulheres eram aproveitadoras que escolhiam ter filhos fora do casamento a fim de ganhar os auxílios sociais. A generosidade do governo iria apenas perpetuar esse *status quo* apodrecido.

Era fácil para Reagan e outros difamar os pobres das cidades, porque as histórias das *welfare queens* pareciam confirmar preconceitos de longa data. (Um fenômeno similar está ocorrendo no século XXI, em que imigrantes são usados como bodes expiatórios.) O desafio dos legisladores, no entanto, era separar os pobres em duas categorias: os merecedores e os não merecedores.

Assim eles podiam contar com o apoio de amplos setores dos próprios pobres. Isso graças ao que pesquisadores sociais chamam de "aversão ao último lugar". A pobreza, em muitas partes do mundo, é tão contaminada pela vergonha que as pessoas pobres fazem um grande esforço para não se associarem a ela, e para contrastar sua posição, com aqueles ainda mais pobres, de modo que a sua condição lhes pareça favorável. Isso enfraquece a solidariedade entre os pobres e ajuda a riscar a linha divisória que divide os supostos merecedores dos não merecedores.

Uma tática usada pelos legisladores para separar os dois grupos era estabelecer requisitos de trabalho. Em muitos estados, os pobres precisam trabalhar, ou ao menos demonstrar que estão em busca de emprego de modo assíduo para se qualificar para certos benefícios. Isso é um duro ataque aos desfavorecidos, em especial aos pobres de áreas urbanas. Tome, por exemplo, uma mãe solteira no centro de Detroit, Houston ou Los Angeles. É bem provável que o único apartamento que ela conseguirá pagar se localize em uma região em que há poucas oportunidades de trabalho, o que exigirá que ela pegue um ônibus de ida e volta para um emprego de salário mínimo, gastando horas do seu dia. E isso supondo que ela tenha algum parente que tome conta das crianças, porque o governo não fornece ajuda. Por conseguinte, essa mulher está condenada ao fracasso e é punida por isso.

Esse desolador *status quo* é sustentado por mitos racistas e estatísticas enganosas. Em primeiro lugar, nos anos 1970, quando a expressão *welfare queen* foi popularizada, afro-americanos representavam apenas 35% dos beneficiados por auxílios. Mas era conveniente demonizá-los — e constrangê-los.

Para economizar nos benefícios, o governo continua a usar números de uma era passada. O limiar da pobreza, estabelecido pelo Departamento do Censo em meados do século passado, é ridiculamente obsoleto. Ele pressupõe que as famílias pobres serão compostas por um pai trabalhador e sua esposa, "uma compradora prudente", que prepara as refeições da família. Estima que os gastos dela com comida serão de um terço do orçamento familiar. Esse cálculo põe a linha da pobreza de uma família de quatro pessoas, em 2018, a 2.100 dólares por mês, valor que mal dá para o aluguel em muitas cidades dos Estados Unidos. É uma situação que explica muito bem porque espantosos 1,5 milhão de crianças em idade escolar no país estavam desabrigadas durante ao menos parte do ano escolar de 2017-2018. É uma estatística tenebrosa, que piora ainda mais quando se considera que a epidemia de falta de moradia aumentou durante um período de crescimento econômico.

É evidente que estatísticos escolhem o que contabilizar. Governos estaduais e locais nos Estados Unidos por vezes configuram a linha de pobreza para subestimar ou fazer contagem reduzida de gastos como aluguel, comida e plano de saúde, o que faz o contribuinte economizar, ao menos no curto prazo, e pune a classe trabalhadora pobre. Se você definir o limiar, por exemplo, em 2.100 dólares para uma família de quatro pessoas, um motorista de Uber que trabalha horas absurdas para ganhar 2.200 dólares ao mês conta como alguém que saiu da linha da pobreza, mesmo que ele não tenha teto ou esteja afundado em dívidas no cartão de crédito. Mas o maior defeito das estatísticas sobre pobreza é que elas reduzem a experiência a números, ignorando a dor humana e a aflição trazida pela pobreza. Esses fatores não são mensuráveis, embora sejam fundamentais na equação.

A Guerra do Vietnã fornece um estudo de caso sobre as consequências de métricas incorretas. Ao longo dos anos mais sangrentos do envolvimento norte-americano, de 1964 a 1969, o Pentágono forneceu uma "contagem de corpos" diária de soldados inimigos. Esses números, repetidos todas as noites pelos âncoras dos telejornais, davam a impressão de que os americanos e aliados progrediam e venciam a guerra. O que os números não contabilizavam, no entanto, era o moral dos combatentes: a determinação dos vietnamitas e o crescente desânimo dos nossos soldados davam a sensação de que, em algum momento, os inimigos, lutando dentro de casa, triunfariam. Esses presságios sombrios não podiam ser quantificados. Porém eles eram essenciais para qualquer pessoa buscando entender o *status* da guerra e seu provável desfecho.

Nos Estados Unidos, pessoas pobres têm poder ínfimo. Submersos em vergonha institucional, perdem vez após outra. Elas são informadas *ad nauseam* de que pisaram na bola e fizeram escolhas desastrosas, conclusão amplamente aceita. Então, quem na sociedade norte-americana iria querer marchar sob a bandeira dos "pobres"?

Muitas das pessoas que se qualificam para os auxílios do governo nem chegam a se inscrever. A provação do processo de inscrição é muitas vezes cruel e desonrosa. As pessoas precisam documentar seu precário *status* material, seus deslizes, tropeços, frustrações e humilhações. E os benefícios que recebem muitas vezes as estigmatiza. Uma das memórias mais dolorosas de sua vida, escreve Issac Bailey, jornalista da Carolina do Sul, é de quando sua mãe o mandou ao supermercado local com uma lista de compras numa mão e vales de auxílio-alimentação na outra. Ele ainda se recorda dos olhares fulminantes dos outros clientes e do funcionário do caixa. "Poucas coisas que fiz na vida nas três décadas seguintes me fizeram sentir tanta vergonha quanto naquele dia."

Para muitos, a vergonha da pobreza pode ser ainda pior do que o sofrimento material. Dólares podem ser contabilizados em planilhas de Excel, sentimentos não podem. São intangíveis e subjetivos. Assim, são muitas vezes descartados, colaborando para transformar políticas públicas em máquinas de constrangimento.

O almoço escolar, por exemplo. Muitos distritos escolares de todo o país lutam para que os pais paguem pela refeição da criança. Uma tática comum, quando a conta de almoço de um aluno está em déficit, é a de constranger a criança. Numa escola da Pensilvânia, uma garota do sétimo ano, a quem chamaremos de Chelsea para protegê-la de mais críticas, estava na fila da lanchonete, pegando seu pedaço de *pizza*, maçã, pepino fatiado e um copo de leite achocolatado. Mas o funcionário da lanchonete viu que a menina tinha contas a pagar e jogou a comida no lixo.

É um exemplo perfeito de constrangimento ligado à pobreza: uma vergonha causticante que

Chelsea (e seus colegas) sem dúvida carregarão pelo Ensino Médio e além. Pior ainda, a criança não tinha responsabilidade pela conta de almoço não paga; ela era apenas uma vítima. Qual impacto aquela experiência pode ter em como ela se sente enquanto pessoa, sobre sua confiança e a capacidade de se afirmar?

Mais ao Sul, perto do fim de um ano escolar recente em Birmingham, Alabama, um menino de terceira série chegou em casa com um carimbo no braço. Era a imagem de um rosto sorridente, com palavras escritas abaixo. O pai do garoto, Jon Bivens, pensou se tratar de um carimbo do tipo "bom trabalho", no entanto ficou chocado quando leu as palavras: "Preciso do dinheiro do almoço". Zangado, chamou aquilo de "marcação a ferro" e deixou o filho ficar em casa pelos últimos dias do ano.

Estranhamente, esse constrangimento veio quando a conta de Bivens ainda tinha saldo, embora fossem meros um dólar e trinta e oito centavos. Do ponto de vista da escola, isso era similar a enviar um aviso de que o prazo para a devolução de um livro da biblioteca venceria em breve. Os carimbos enviados nos braços das crianças eram uma forma inovadora, baseada numa lógica impecável, de lembrar os pais de reabastecer suas contas. Era preciso comunicar que o saldo estava chegando a zero, e os carimbos transmitiam a mensagem.

Vergonha e constrangimento? Isso não entrava no cálculo, ao menos não de forma explícita. A vergonha, entretanto, exerce um poder invisível sobre as pessoas, e muitos pais pagariam o dinheiro em vez de chamar atenção para sua pobreza.

<☠/>

Como a vergonha de peso e a de vício, a vergonha de pobreza cria ciclos tóxicos de retroalimentação. Uma pessoa que tem vergonha da sua pobreza decerto vai responder de uma das duas maneiras: escondendo sua condição ou agindo como se ela não existisse. Ambas as abordagens são impulsionadas pela vergonha, e ambas tendem a torná-la pior.

Esconder o problema é algo conhecido como "retração". É fácil de entender. Imagine ligar para um amigo que você não vê faz tempo e o convidar para ir ao cinema ou comer. Você não sabe que ele está sem dinheiro, tem uma pilha de contas a pagar e está com uma dívida enorme. Ele vai te contar isso? A maioria das pessoas não contaria. Como Neal Gabler escreveu na *The Atlantic*, é mais provável que homens falem sobre usar Viagra do que sobre dívidas no cartão de crédito. Em outras palavras, a pobreza pode ser ainda mais vergonhosa do que a impotência sexual. Então há grandes chances de que o seu amigo irá inventar uma razão qualquer para negar o convite, mas não alegará que não tem condições financeiras.

A retração leva ao isolamento. Ela queima pontes entre pessoas que de outro modo poderiam se unir em causa comum. Um amigo pode ficar sabendo sobre uma vaga de emprego ou de alguém que pode ajudar a tomar conta das crianças. Outro pode ter um primo que trabalha numa cozinha que doa alimentos. O isolamento destrói essa rede de capital social. A pesquisa de Arnoud Plantinga, psicólogo social holandês, traça essa espiral resultante. A retração se aprofunda à medida que leva a mais pobreza e vergonha. E assim vai. Pior ainda, a solidão muitas vezes leva à depressão, o que, por sua vez, alimenta a crescente sensação de desesperança.

A tendência oposta, de forma alguma mais saudável, é a "aproximação". Isso ocorre, de acordo com Plantinga, quando uma pessoa tenta se livrar da vergonha da pobreza ao tomar de volta o *status* perdido. Se aquele amigo passando por dificuldades que você ligou escolher se aproximar em vez de se retrair, ele pode sugerir ir a um restaurante fino, em que iria pedir uma garrafa de vodca russa de 150 dólares, passar o cartão e deixar uma gorjeta de 30% para o garçom. Imerso em negação, esse comportamento alivia as feridas emocionais da pobreza, mas apenas por um tempo. É insustentável, é claro, e a vítima cava ainda mais fundo no poço da pobreza e da vergonha.

Isso aumenta o bordão popular de que os pobres são responsáveis por sua condição, já que, do ponto de vista das classes mais abastadas, eles tendem a tomar más decisões. Situações desesperadoras, contudo, possuem sua própria lógica. Pessoas sofrendo de pobreza encaram dores em duas frentes: física e psíquica. Muitas delas não apenas carecem de necessidades humanas básicas — comida, roupa, abrigo e transporte —, mas são levadas a se sentirem péssimas sobre a situação. A vergonha é uma ameaça à própria existência delas. Quando cada dia apresenta desafios urgentes, estratégias para o mês ou ano seguinte permanecem, em grande medida, teóricas. Desse modo, pode sim fazer sentido privar-se de um frango no espeto de dez dólares e no lugar cozinhar uma cabeça de repolho de um dólar — supondo que haja um mercado próximo com produtos frescos — e economizar nove dólares. Entretanto, para fazer esse cálculo, a pessoa deve ter fé num futuro com portas de saída e escadas que vão para cima. Para muitos, isso é como acreditar em fadas. Como mostra a pesquisa de Plantinga, o foco de muitas pessoas pobres tende a ser as compensações imediatas. Isso enfraquece as poucas chances que têm de avançar e os faz sentir ainda mais vergonha.

    É o bastante para fazer você se perguntar o que uma sociedade inteligente e solidária poderia fazer. A solução duradoura, que é quase impossível de se imaginar nos Estados Unidos, é de fornecer a todos uma educação sólida, habitação e creches para que todos possam buscar empregos em pé de igualdade. Afinal, um emprego com salário decente e benefícios não apenas promete tirar as pessoas da pobreza, mas também conferir um sentimento de orgulho. Isso não quer dizer que as pessoas precisem de uma carreira para terem um senso de autoestima. Contudo, um trabalho estável oferece um antídoto à vergonha ligada à pobreza.

Essa foi a ideia por trás da reforma do marco da assistência social que o presidente Bill Clinton transformou em lei pouco antes de sua reeleição em 1996. O objetivo era guiar as pessoas, com incentivos e penalidades, da assistência social ao emprego e à autossuficiência. Na cerimônia de assinatura, Clinton disse que a nova lei "deveria representar não apenas o fim de um sistema que muitas vezes fere aqueles que deveria ajudar, mas o começo de uma nova era na qual o auxílio social se torne aquilo que deveria ser: uma segunda chance, não um modo de vida".

O projeto de lei, no entanto, não especificou os fundamentos necessários para tal transformação, e deixou os detalhes em grande medida para os estados. Muitos deles forneciam pouco ou nada em termos de financiamento para treinamento profissional ou creches e simplesmente exigia procura por empregos, muitas vezes a um nível absurdo. A Geórgia, por exemplo, punha para fora pessoas que não conseguissem documentos que comprovassem sessenta inscrições em vagas por semana ou não comparecessem a oito sessões de treinamento profissional.

Apesar desses problemas, o efeito não foi inteiramente negativo. De fato, milhões de pessoas encontraram emprego. E muitas dessas pessoas ainda se beneficiam de fundos do governo, o chamado Earned Income Tax Credit (Crédito do Imposto de Renda). Esse programa tira da linha de pobreza muitas famílias trabalhadoras com crianças, mas também ampara empregadores como Walmart e restaurantes de *fast-food*, permitindo que continuem a pagar salários de fome. Mais do que isso, fornece embasamento estatístico para defensores do *status quo* baseado na vergonha, endossando a alegação deles de que os pobres podem escapar da pobreza extrema através do trabalho — e quem não conseguir é responsável pela sua condição ruim.

Por infelicidade, a reforma da assistência social criou um núcleo de pessoas pobres que estão piores agora do que antes. Não conseguindo satisfazer os requerimentos de emprego ou demais papeladas, ficaram de fora das rodadas cada vez menores de auxílio e mergulharam ainda mais fundo na pobreza, levando muitas ao desabrigo, prisão e vício. Quando as reformas de Clinton foram introduzidas em 1996, 68 de cada 100 famílias vivendo abaixo da linha da pobreza recebiam assistência. Agora são apenas 23. E esse segmento tem empobrecido ainda mais. Um estudo da Universidade de Michigan, por exemplo, descobriu que o número de lares na condição da mais profunda pobreza — definida por uma renda baixíssima de menos de 2 dólares ao dia por morador — mais que dobrou nos 15 anos seguintes à aprovação das reformas, de 636 mil para 1,46 milhão. Crianças são desproporcionalmente representadas na categoria. Apenas a mais resiliente entre elas cresce acreditando ter uma chance, e menos ainda consegue vencer na garra. Outra vez, as raras histórias de sucesso são apresentadas como evidência de que aqueles deixados para trás são culpados por seu fracasso.

Mas o que acontece quando a regra é ser deixado para trás? A batalha econômica impulsionada pela pandemia da covid-19 trouxe novos pensamentos acerca da pobreza, removendo parte da vergonha. Durante a primeira paralisação econômica, em 2020, milhões de trabalhadores perderam seus empregos. Com isso, os desempregados perderam o estigma de "preguiçosos", ao menos por um tempo. Eles receberam cheques, sem ter de demonstrar quão necessitados se encontravam ou quão empenhadamente procuravam trabalho. Isso foi um progresso. Um ano depois, um conjunto de recursos no pacote colossal de estímulo sancionado pelo presidente Biden providenciou auxílio incondicional, em especial à famílias com crianças, o que prometia tirar muitas delas da pobreza. Todavia isso não impediu o conservador American Enterprise Institute de alertar que o novo auxílio poderia levar "mais de um terço de mulheres solteiras a reduzir o trabalho por ao menos uma hora semanal". Via-se, então, repetir-se o pensamento da era Reagan que nos deu as *welfare queens*: se pararmos de atacar os desfavorecidos — os pobres — por serem pobres, eles se tornarão preguiçosos.

<💀/>

Nossa sociedade, ao que parece, é desenhada para que mesmo as instituições feitas para ajudar os pobres terminem atacando os desfavorecidos, às vezes de modo cruel. Tome como exemplo o caso da organização beneficente Center for Employment Opportunities, Inc. (CEO), de Nova Iorque. Fundada em 1970, a empresa busca ajudar ex-condenados a fazer a transição para o mundo externo e, de modo crucial, ganhar habilidades para que possam encontrar empregos. Como a própria empresa descreve:

"A missão do CEO é baseada na suposição de que se indivíduos antes encarcerados passarem por intervenções estruturadas de emprego logo após a soltura, terão maiores chances de quebrar o ciclo de reincidência e construir alicerces positivos para si próprios e suas famílias. O CEO existe para criar melhores oportunidades para pessoas que são sistematicamente excluídas de obter sucesso econômico."

Como não gostar disso? Essa missão louvável ajudou o CEO a angariar 21 milhões de dólares em doações em 2017, de acordo com o mais recente relatório financeiro da empresa. Isso representava 40% da receita.

Contudo, quando você conversa com ex-detentos que buscaram o CEO para orientação e oportunidades de emprego, eles descrevem uma experiência infernal, incluindo ameaças, coerção, pobreza e degradação — em suma, a vida dentro de uma máquina da vergonha. Tome como exemplo a experiência de Duane Townes. Em 2013, ele ganhou liberdade condicional depois de cumprir a maior parte da pena de sete anos por tentativa de roubo no Eastern Correctional Facility, prisão estadual a 160 km ao norte da cidade de Nova Iorque. Ele tinha 52 anos de idade. Não era a primeira vez de Townes na prisão. Mas agora, ele diz, estava determinado a aproveitar ao máximo sua próxima chance do lado de fora. A chave para o sucesso, ele sabia, era conseguir um emprego decente que pagasse um salário digno. Com isso em mente, ele havia passado por treinamento profissional na prisão e obtido certificação em remoção de amianto. Este era um dos trabalhos mais desagradáveis na construção civil, porém o caminho mais seguro, como via, para um emprego sindicalizado com benefícios.

O agente da condicional de Townes o encaminhou ao CEO de Nova Iorque. A expectativa era bastante desanimadora, no entanto Townes sentiu que ignorar essa ordem e buscar outro caminho poderia levá-lo de volta à prisão por quebra da condicional. Então ele compareceu. Ao se apresentar, Townes ficou desapontado ao saber que seu treinamento e certificação não valiam nada, ao menos no CEO. Ele precisaria se estabelecer com tarefas muito mais brutas. "Eles me encaixaram numa vaga para caminhar numa rodovia em Staten Island recolhendo lixo", diz. O pagamento para um dia inteiro de trabalho era de 48 dólares.

Outras vagas incluíam limpar banheiros em instalações governamentais, lavar o chão e outras tarefas de zelador. Ele comparou essa realidade à prisão: tratava-se "basicamente de uma colônia de trabalho, onde você sente que não existe".

A diferença, no entanto, era que Townes tinha um teto sobre a cabeça e três refeições por dia na prisão, ao passo em que sua parca renda no CEO não conseguia cobrir nem as despesas básicas. Ele tinha de passar as sextas-feiras com seu orientador de trabalho, sem remuneração, para "falar sobre a sua experiência". Isso o deixaria com um pagamento semanal de menos de 200 dólares. Ainda que pudesse dormir de graça no apartamento de sua mãe, o dinheiro mal dava para o metrô e a alimentação. "Foi uma pancada no meu ego", conta.

Durante esse período difícil, tanto em equipes de trabalho quanto com os orientadores, Townes e seus colegas estavam sob constante vigilância. Caso alguém desse sinais de rebeldia, o orientador ou chefe poderia denunciá-lo para o agente da condicional. "Você não pensa no dinheiro", diz David Robinson, outro ex-participante do mesmo programa. "Você só pensa em fazer o que o agente disser, não entrar em encrenca e ser mandado de volta. O CEO usa isso a seu favor. 'Faça isso ou vamos ligar para o seu agente da condicional.' É um inferno."

"Eu não era tratado como um homem", diz Duane Townes. Como outros de sua equipe, ele estava numa posição precária. Para se manter em liberdade condicional, precisava ter um emprego. Ele não tinha o luxo de poder deixar de trabalhar no CEO para buscar algo melhor. "Você fica lá até que o CEO considere que está apto a sair", diz.

E quem tomava essa decisão? Para Townes, era seu orientador, um ex-detento que havia galgado posições no sistema do CEO, de cuidar do lixo e limpeza até se tornar gerente, uma posição assalariada. "Para ele, tratava-se de um jogo de poder", diz. "Há uma pessoa dominante e outra servil. É como senhor e escravo."

Em 2012, um influente *think tank* de políticas sociais, MDRC, escreveu um elogioso relatório sobre o CEO que ajudou a fomentar seu crescimento explosivo, e a organização se expandiu por todo o país (hoje, o CEO opera em trinta cidades de onze estados e abriu escritórios em 2020 em Fresno, Califórnia, e Charlotte, Carolina do Norte). No artigo, o MDRC argumentou que ao enviar detentos em liberdade condicional para equipes de trabalho rigorosamente supervisionadas, o CEO os ajudava a desenvolver "soft skills" ("habilidades interpessoais"), tais como chegar no horário e seguir ordens.

Aqueles que se saem melhor no sistema do CEO, de acordo com citações no relatório do MDRC, são os que se curvam à sua condição humilde e aceitam a pobreza forçada. O objetivo aparente é o de aprofundar a mensagem de que eles não merecem nada melhor. Tome de exemplo algumas citações atribuídas ao sucesso do programa:

"É melhor do que seis centavos a hora. Não dá pra sair da prisão e achar que alguém vai lhe dizer, 'temos aqui essa vaga de 70 mil dólares por ano porque você acabou de sair'. Não funciona assim."

"Quando meu agente de condicional me falou sobre o pagamento diário [no CEO], mesmo que seja 40 dólares por dia, ajuda."

"Você é pago todos os dias. Digo, não é muito dinheiro, mas é alguma coisa."

"Aprendi sobre autocontrole, paciência, e sobre como respeitar uma autoridade superior, sabe?"

E se um desses trabalhadores tivesse pressionado por um aumento, ou se organizado junto com os colegas? De acordo com Tamir Rosenblum, advogado de sindicato em Nova Iorque que trabalha com ex-presidiários, "por certo ele teria sido considerado como de 'juízo deturpado' e ter violado 'práticas correcionais essenciais', apresentando risco elevado de ceder a seus impulsos criminosos".

A abordagem do CEO, afinal, é baseada no pressuposto de que há valor terapêutico no trabalho braçal supervisionado rigorosamente. Um relatório de 2016 do MDRC explica isso de forma clara. Os detentos deixam a prisão, de acordo com o relatório, com "necessidades criminógenas". Estas incluem fatores de risco tais como impulsividade, falta de autocontrole, agressividade e companheiros antissociais. O CEO afirma que eles sofrem de "distorções cognitivas", que são aprendidas, mas podem ser mudadas. E o sistema do CEO realiza essa mudança ao aplicar "técnicas semelhantes àquelas usadas, em geral, em terapia cognitivo-comportamental".

Pode ser que certo número de pessoas em liberdade condicional saia da prisão com maus hábitos de trabalho. Alguns deles têm problemas com drogas. Muitos carecem de competências e formação educacional. A questão, no entanto, é se se trata de uma estratégia sensata — quanto mais uma compassiva — colocá-los num ambiente de trabalho que parece, ao menos para alguns deles, como escravidão, e com pagamento miserável. "Se tivesse ficado lá, teria acabado voltando para a cadeia", diz Townes. "A situação financeira teria me levado de volta ao crime."

Assim como outras máquinas da vergonha, esta justifica suas práticas com estatísticas demasiado questionáveis. O relatório de 2016, por exemplo, alardeia os "impressionantes" resultados do CEO em diminuir a reincidência, mas não fornece dados que sustentem tal alegação. O estudo anterior, de 2012, reconhece que o CEO não melhorou o nível de emprego ou proventos nos 36 meses seguintes à entrada no centro. Contudo alega que o programa reduziu a reincidência de forma significativa, em especial entre "aqueles que haviam sido soltos há pouco tempo". Em outras palavras, enquanto os libertos estão recolhendo lixo e limpando o chão sob os olhares atentos de seus chefes, estão menos propensos a cometer crimes.

Há evidências escassas de que, a longo prazo, a reincidência é diminuída pelo programa do CEO. E não surpreende: ele é parte da disfuncionalidade de um sistema maior de empregos pós-prisão. Um estudo de Noah Zatz, professor de Direito da UCLA, relata a "amarra dupla" com a qual ex-detentos precisam lidar: discriminação com base no histórico e pressão para aceitar trabalho sob as ameaças de seus agentes de condicional. Como resultado, são sistematicamente mal remunerados e precisam aguentar condições de trabalho ruins ou terríveis. Muitos deles se veem sem opções e retornam ao antigo modo de vida, o que em algum momento os levará de volta à cadeia.

Este maléfico ciclo de retroalimentação nos faz lembrar de um parecido no *The Biggest Loser*. Como vimos, pessoas obesas perdem dezenas de quilos enquanto estão sob a supervisão de treinadores, dietas radicais e regimes frenéticos de exercícios. Mas essa perda de peso — assim como um programa de trabalho forçado que paga 192 dólares por semana — é insustentável. Como o CEO, produz reincidência. Os libertos que fracassam ao se adaptar ao programa de transição da empresa, que quase os escraviza, são jogados de volta à prisão. Assim, o CEO mantém sua cadeia de produção funcionando.

Essa abordagem punitiva, que usa o sistema penal para reprimir trabalhadores, tem envenenado as relações de trabalho, sobretudo no Sul, por mais de um século. A história vencedora do Prêmio Pulitzer de 2009, *Slavery by Another Name* (Escravidão com Outro Nome), de Douglas A. Blackmon, detalha como no século XIX os legisladores aprovaram os chamados *black codes* (códigos negros), determinando que todo homem livre arranjasse um emprego. Quem não havia conseguido se empregar poderia ser acusado de vadiagem e condenado a trabalhar em plantações, silvicultura ou mineração.

Podemos esperar isso de políticos de direita que fazem campanha contra fraudes no auxílio social e culpam os pobres por sua sina. O que é notável acerca do CEO, no entanto, é que é mantido por pilares do *establishment* progressista do Norte. Sam Schaeffer, que ganha quase 300 mil dólares por ano como diretor-executivo da organização, era diretor de desenvolvimento econômico do senador Charles Schumer, democrata de Nova Iorque, líder da maioria. Incluídas entre os financiadores do MDRC estão organizações filantrópicas como o braço social do JPMorgan Chase e a Bill & Melinda Gates Foundation. Essas pessoas acreditam que estão ajudando.

E isso levanta um ponto crucial. A maioria de nós, mesmo com as melhores intenções, aceita as premissas e promessas das máquinas da vergonha operando ao nosso redor. Achamos difícil de acreditar, por exemplo, que os executivos do Vigilantes do Peso não estejam dedicados em enfrentar a obesidade, ou que o regime rigoroso do CEO, embora duro, não seja o que aqueles detentos precisam. Claro, se tirarmos um tempo para estudar estatística, poderemos ver que elas são problemáticas. Mas as pessoas no poder têm boas intenções, certo?

Muitas delas, sim. Só que elas operam dentro de ecossistemas regidos pela vergonha — e sustentados por pesquisas pseudocientíficas. Um desses estudos, que magistralmente põe a culpa nos pobres em nome da objetividade, é conhecido como o experimento *marshmallow*. Aplicado por Walter Mischel, psicólogo de Stanford nos anos 1960, o estudo tentou medir a capacidade de autocontrole de crianças.

Mischel e seus colegas lançaram o experimento numa creche de Stanford. Deu-se um *marshmallow* a cada criança e foi dito que ela poderia comê-lo de imediato. Contudo, se conseguissem resistir à tentação e não tocar nele, seriam recompensados com um segundo doce mais tarde. Um terço das crianças ignorou a promessa e comeu o doce tão logo o recebeu. Outro terço tentou esperar, mas não passaram de quinze minutos. E o último grupo, pequenos mestres da gratificação adiada, esperaram sem tocar nos *marshmallows* até que os pesquisadores retornassem.

Para Mischel, o estudo do *marshmallow* era sobre a capacidade de entender o tempo e planejar. Algumas crianças pareciam ser melhores nisso do que outras. Ele tinha duas filhas na escola e perguntava a elas, conforme o passar dos anos, como os seus colegas estavam se saindo nos estudos. Os resultados pareciam confirmar a hipótese. Os alunos que haviam esperado pelo segundo doce pareciam estar indo bem, tirando melhores notas e com maiores pontuações em provas padronizadas. Estudos posteriores indicaram que essas crianças passaram a levar vidas mais bem-sucedidas. Estatisticamente, aqueles que demonstraram uma capacidade de postergar a recompensa tinham mais progresso na escola e permaneciam em melhor forma física. Economizavam dinheiro. Menos casamentos terminavam em divórcio. A disciplina, ao que parecia, era um prenúncio do sucesso. E quem diria? Crianças brancas de famílias afortunadas saíam-se melhor do que crianças pobres de minorias.

O que havia de errado com aquelas crianças que devoraram o primeiro *marshmallow*? Haviam sido criadas com os valores errados? Ou era a genética que as influenciava? Em todo caso, pensar à frente era uma habilidade crucial, uma que elas pareciam não possuir.

Há séculos as pessoas têm culpado os pobres por sua sina, muitas vezes atribuindo seu infortúnio à falta de autocontrole e más decisões: "Na casa do sábio há comida e azeite armazenados", diz a Bíblia. "Mas o tolo devora tudo o que pode." Essa era uma conclusão atraente para as classes dominantes. O estudo do *marshmallow* parecia confirmar aquilo em que já acreditavam: que criaram as crianças do jeito certo, tanto genética quanto culturalmente, enquanto as classes inferiores ficavam desastrosamente para trás. Assim todos estavam no lugar de pertencimento, e os ricos não tinham culpa. Além disso, gastar dinheiro adicional para ajudar os pobres decerto não funcionaria. Eles sem dúvida o desperdiçariam de modo impetuoso, assim como suas crianças devoram os doces.

Essa análise egoísta, amparada por ciência questionável, sustentava o *status quo* e constrangia os pobres. As conclusões tiradas do experimento *marshmallow*, contudo, desmoronaram sob escrutínio posterior. Em 2018, cientistas replicaram o experimento numa escala 10 vezes maior, levando em conta a renda e a formação dos pais. Descobriram que o nível de renda e formação dos pais das crianças tinha muito mais correlação com sucesso de longo prazo do que qualquer coisa ligada a comer *marshmallows*.

Era verdade que as crianças mais pobres tinham menos chances de postergar a recompensa. Mas havia boas razões para isso. Crianças criadas em ambientes de prosperidade tendiam a tomar como verdade absoluta as promessas de cientistas em jalecos brancos, porque seus pais sempre haviam tido os recursos para cumpri-las. Crianças pobres, ao contrário, tinham razões para duvidar. A vida as ensinara sobre escassez. Pode não haver nada na geladeira para o desjejum de amanhã. Para elas, talvez, algo certo neste momento supera um voto de recompensa futura. Em alguns cenários, isso é tão prudente quanto inteligente. É a certeza de um pássaro na mão em vez de dois voando. Da mesma forma, se tiverem visto seus pais desconfiarem de autoridades, sejam assistentes sociais que lhes negam necessidades, sejam médicos que ignoram suas dores, então parece lógico que as crianças também receberão com ceticismo as promessas de um estranho oferecendo doces.

Tão óbvias quanto possam parecer essas considerações culturais, uma perspectiva com mais nuances não tem força para inverter a narrativa dominante de ataque aos desfavorecidos. Assim, a maioria abastada continua estipulando que só as pessoas que trabalham merecem ajuda. E benefícios miseráveis continuam a subsidiar os salários vergonhosamente baixos pagos por restaurantes de *fast-food* e gigantes do varejo. Desse modo, a sociedade mantém os trabalhadores pobres numa roda de *hamster*, lutando com bravura apenas para sobreviver, sem dinheiro de sobra caso o carro quebre ou o filho fique doente. E condena os desempregados à pobreza abjeta. Em suma, pune as pessoas pelos fracassos e aceita sua miséria como o *status quo*.

Isso é tão míope e imponderado quanto imoral. O segredo para mudar — o que vai contra todos os nossos instintos de causar constrangimento — é ajudar as pessoas necessitadas, e parar de condicionar os auxílios sociais ao trabalho. Pessoas pobres, como todos os demais, deveriam ter acesso à creches, abrigo, assistência médica, comida e educação de qualidade. Elas não deveriam precisar se humilhar diante de uma ou outra burocracia ou satisfazer uma lista de pré-requisitos para receber coisas essenciais.

Além disso, os requerimentos de trabalho muitas vezes agravam o problema. Imagine um homem jovem recém-saído da prisão. É do interesse da sociedade, bem como dele próprio, que ele busque capacitação e treinamento como mecânico em alguma escola técnica local, para ajudar a cuidar de seu filho de 4 anos de idade e, quem sabe, levar sua avó às sessões de hemodiálise. No entanto, se essas atividades o impedirem de chegar até um trabalho de salário mínimo numa loja grande depois de uma longa viagem diária, ele corre o risco de perder os poucos benefícios para os quais poderia ter sido aprovado. Conforme a sociedade ataca o desfavorecido, ele e sua família sofrem. Para reverter a vergonha ligada à pobreza, simplesmente devemos ajudar os pobres, sem inquéritos ou condições.

CAPÍTULO 4
"SUA VAGINA ESTÁ ÓTIMA"

As mulheres norte-americanas tinham motivos para se preocupar. De acordo com todas as revistas, os odores vaginais eram uma questão tão íntima e repleta de vergonha que até mesmo mencioná-la trazia aflição. Mas se não lidassem com ela de imediato, poderiam perder seus casamentos! "Acho que foi culpa minha quando Stan começou a prestar atenção em outras mulheres", uma esposa fictícia confessava em uma propaganda de 1954, descoberta por Krista Torres, do BuzzFeed. "Não era como se eu não soubesse sobre higiene íntima feminina. Eu tinha me tornado... bem... descuidada."

A personagem de que falamos, embora não chegasse a usar tais palavras, tinha medo de que seu marido estivesse enojado com o cheiro de sua vagina. O meio de reavivar o romance era esfregar sua vulva com um produto químico tão tóxico que exterminaria qualquer atividade biológica capaz de produzir odor. Com nada menos que o casamento em risco, ela faria uso do mesmo desinfetante venenoso que usava no sanitário: Lysol.

Ao dar esse passo dramático, ela reconquistou o marido.

Tais táticas de constrangimento encontraram o público-alvo. Muitas mulheres na primeira metade do século XX faziam duchas com Lysol. O fabricante original — uma empresa de Nova Iorque chamada Lehn & Fink — assegurava que desinfetar a genitália não apenas atenuaria a repulsa que seus maridos tinham dos processos naturais do corpo feminino, como também era perfeitamente seguro.

Isso, é claro, era mentira. Até os anos 1950, o Lysol continha cresol, um potente metilfenol que danifica o corpo humano e machuca sobretudo mucosas sensíveis — olhos, boca e genitália. Entretanto, para salvar seus casamentos, as mulheres eram incentivadas a atacar suas vulvas como uma pia suja. "Ele alcança as mais profundas dobras e fendas para eliminar os germes", gabava-se o anúncio. (Não era mentira. Muitas mulheres de fato usavam Lysol na vã esperança de que o desinfetante funcionasse como contraceptivo.) A estratégia de marketing do Lysol constrangia metade da humanidade pelos subprodutos de um sistema reprodutivo em pleno funcionamento. As mulheres sofriam com bolhas e queimaduras dolorosas. Algumas morriam. Todavia, processar o fabricante e discutir questões íntimas em registros públicos não era uma opção.

É por isso que nossos órgãos sexuais são alvos principais das máquinas da vergonha. Eles geram inseguranças e vigorosos medos em nós. Mesmo em tempos de liberdade sexual, tendemos a envolvê-los em segredo.

A vergonha privada torna as pessoas vulneráveis à campanhas baseadas em sugestões e insinuações. Anúncios antigos do Lysol levantavam a possibilidade de que algo poderia estar tão errado que outras pessoas podiam fofocar a respeito, fazer piadas. Na propaganda da revista, Stan claramente não havia dito a sua esposa que ela o enojava. Ele apenas começou a ficar distante. Quantas outras mulheres passavam pela mesma dificuldade? Quantas se esfregaram com Lysol e se machucaram para tratar de algo que apenas imaginavam?

Essa situação pode parecer coisa da história antiga, mas o mercado da vergonha no qual o Lysol se concentrou — as imperfeições constrangedoras de nossos corpos — está mais valioso do que nunca. Os norte-americanos gastam 40 bilhões de dólares por ano com suplementos, de pílulas à pós, para ganhar músculos, parecer revigorados, ou manter a masculinidade ou feminilidade (qualquer que esteja sendo vendida). A oferta agora conta com cinquenta mil produtos, um crescimento de dez vezes nos últimos vinte anos.

Suplementos representam apenas um segmento da extensa indústria do bem-estar. É um complexo que atende quaisquer aspectos de nossas vidas em que nossa *performance* é inferior à ideal, de géis perfumados a *podcasts* de autoajuda. Essas correções podem ser físicas, cosméticas, emocionais, financeiras ou espirituais. Mas todas elas nascem da simples premissa de que a maioria de nós está abaixo da média: feios, doentes, fedidos, inadequados sexualmente, velhos demais, gastadores imprudentes. Tem de haver algo que odiamos a respeito de nós mesmos, e essas empresas garantem que encontremos. As possibilidades comerciais são infinitas. E assim como as outras esferas da vergonha que já exploramos, o setor do bem-estar transborda com ciência falsa, estatísticas malfeitas e promessas ilusórias.

Alguns agentes dessa vasta indústria apenas atualizam mensagens tóxicas do passado. Por exemplo, Vagisil. Como o nome sugere, a empresa se concentra no mesmo mercado de higiene visado pela Lysol há quase um século. Fundada por mulheres, a Vagisil se promove como defensora direta e destruidora de tabus acerca dos corpos das mulheres. A declaração de missão da companhia confronta de modo explícito a vergonha das décadas passadas: "Empoderando mulheres para que sejam mais abertas sobre saúde vaginal e busquem as soluções que precisam desde 1973. Sem desculpas. Sem estigmas. Sem vergonha." No entanto, um ramo crescente e lucrativo do negócio de Vagisil segue o antigo modelo da Lysol, sugerindo às mulheres que elas cheiram mal e precisam com urgência de um esfoliante químico. Essa linha de higiene feminina, escreve Jen Gunter, ginecologista e autora de *The Vagina Bible*, "toca em um medo primordial acerca da limpeza do trato reprodutivo, e é uma mina de ouro".

Um público especialmente promissor para essa campanha de medo são as adolescentes. O corpo adulto é uma novidade e muitas vezes ela está cheia de inseguranças. Se alguém pode ser convencido de que é preciso perfumar lá embaixo, é uma adolescente. No verão de 2020, a Vagisil lançou uma nova linha de produtos juvenis, a OMV!, e a impulsionou com uma enérgica campanha de mídias sociais. A mensagem explícita era de que as garotas deveriam ter orgulho de seus corpos, incluindo suas vaginas. É verdade. Mas era apenas a abertura para alertá-las sobre problemas em potencial. Estariam essas jovens moças por acaso cientes do "cheiro menstrual", um certo odor que acompanhava aqueles dias? Alguém poderia estar emitindo esse fedor sem saber. Afinal, nós, humanos, somos notadamente insensíveis ao nosso próprio cheiro, e mesmo nossos amigos próximos podem se sentir encabulados de levantar o assunto. Então, se há algum traço de odor na sua calcinha, dizem às garotas, outras pessoas podem senti-lo e ridicularizar você.

Mantenha a cabeça erguida, é o conselho amigável de Vagisil: "Odor vaginal acontece com todas, mas não deveria impedi-la de ser você mesma. Então, da próxima vez que estiver na dúvida se você é a única mulher cheirando no Pilates, saiba que não. E não há vergonha nenhuma nisso". A empresa alega ter trabalhado com adolescentes para criar todo tipo de gel e lenços que sejam "gentis, convenientes e que cheiram muito bem". As jovens clientes de Vagisil podem embeber suas vulvas com fragrâncias de flor de pêssego, jasmim branco e magnólia de pepino. Com um *spray* de lavagem a seco chamado Odor Block, podem até mesmo prevenir o odor.

Em seu *feed* no Instagram, a campanha habilmente mescla uma desafiante mensagem antiestigma com a insinuação de que as meninas têm boas razões para se preocupar todos os meses. "A menstruação é linda, poderosa e nunca deve ser estigmatizada... e ponto final. Clique para concorrer a uma sacola de produtos OMV! para você e uma amiga, para que ambas possam se sentir fresquinhas e confiantes o mês todo..."

A campanha OMV! enfurece muitos da comunidade médica, que detectam a máquina da vergonha e veem através de sua ciência falsa. Gunter afirma que as mulheres correm riscos ao aplicar produtos químicos em suas vulvas e que a abordagem mais segura é usar água. Jocelyn J. Fitzgerald, cirurgiã e professora do Hospital Magee-Womens do centro médico da Universidade de Pittsburgh, observa que a campanha OMV! cria um brilhante mercado autossustentável de vergonha. "Usar esses produtos enquanto sua vagina está com saúde perfeita irá destruir seu microbioma, causar uma verdadeira vaginose bacteriana, e fazer com que você queira comprar mais Vagisil", disse. "Não caiam nessa, meninas. Sua vagina está ótima."

<☠/>

Durante a maior parte da história humana, a beleza não era algo que as pessoas alcançavam, mas um presente dos deuses. Vejamos o exemplo do mito grego de Helena de Troia. Ela era conhecida na Antiguidade como a mulher mais linda do mundo. Quando Páris, um príncipe troiano, a raptou de Esparta e a levou para Troia, toda a Grécia entrou em guerra para resgatá-la. A mãe dela, uma princesa chamada Leda, era dona de uma beleza tão grande que cativou o pai, Zeus, ao ponto de ele se transformar em um cisne e estuprá-la. Isso era uma (perversa) punição apenas por Leda ser mulher. Helena, prole de tão exótica linhagem, não precisou sofrer com injeções de *Botox* ou limpar os poros com máscaras de carvão; sua beleza era predestinada.

As atuais máquinas da vergonha viraram o destino de cabeça para baixo. Graças à ciência, à tecnologia e à técnicas cirúrgicas de ponta, podemos em teoria aniquilar nossos defeitos naturais e alcançar beleza e equilíbrio. Com cremes antienvelhecimento, modelagem corporal, dietas cientificamente adaptadas ricas em antioxidantes, terapias para encontrar nossa criança interior ou para otimizar o sono, ganhamos o poder de afastar a feiura e até mesmo os estragos do tempo. Se interferirmos corretamente, poderemos alcançar a perfeição dos deuses.

O outro lado dessa mensagem é óbvio: se fracassarmos em resolver nossas deficiências, a culpa é nossa. Assim como as outras máquinas da vergonha que exploramos, da pobreza ao vício, esta se resume a escolhas. As escolhas certas custam muito dinheiro de propósito. Mas se fizermos escolhas tolas e continuarmos com defeitos, então a culpa é nossa.

Hoje, não existe um único exemplo do ideal, uma moderna Helena de Troia. Nosso mercado é muito vasto e variado. Porém, para uma vasta população de fãs de realities shows, Kim Kardashian se encaixa no perfil. Seu corpo é como um desenho fantástico de apelo sexual. Seus seios grandes parecem esferas perfeitas. Seu torso se curva a uma cintura fina e então infla em quadris largos e uma bunda desproporcional que lutaria tanto quanto a minha com um assento de classe econômica em um avião — não que Kim Kardashian tivesse que voar na classe econômica.

O corpo de Kim Kardashian é a espinha dorsal de sua marca e de seu império comercial. Sua empresa altamente lucrativa, a KKW Beauty, vende maquiagem, batons e outros cosméticos. No início de 2020, a fortuna de Kardashian estava se aproximando do *status* de bilionária e, em abril de 2021, foi alcançada. A premissa fundamental do negócio dela é que a aparência não é concedida por Deus. É um trabalho sem fim. E muito caro. Um ramo de seu empreendimento de marca envolve lançar prateleiras de produtos para ajudar os meros mortais a alcançar a perfeição do corpo Kardashian. A cada *post* no Instagram, ela ganha estimados 500 mil dólares. Ela aparece em milhões de *feeds* promovendo pirulitos supressores de apetite; Flat Tummy (Barriga Chapada); Fit Tea, um programa de *detox* de duas semanas; Sugarbear Hair, balas de vitaminas para aprimorar o brilho e a força dos cabelos; e muitas outras ofertas ambiciosas.

Ela vende fantasias. E o marketing é baseado na vergonha: ter algo menos que um corpo dos sonhos é uma escolha. Se você não gosta daquilo com que nasceu, pode consertá-lo. Cabe a você. É uma mensagem poderosa, dirigida sobretudo para jovens mulheres. A ansiedade que as meninas sentem acerca de questões estéticas é constante, e começa cedo. Cinquenta e três por cento das garotas de 13 anos nos Estados Unidos estão infelizes com seus corpos, de acordo com um estudo do Park Nicollet Melrose Center, de Minnesota, e esse número explode para 78% quando alcançam os 17 anos de idade.

Essa insatisfação alimenta negócios infindáveis para deusas sexuais como Kim Kardashian. Para alcançarem seu ideal, milhões de mulheres se esforçam, se preocupam, se exercitam, fazem dietas, compram todo o tipo de lixo de marca, e mesmo assim nunca atingem o objetivo de se parecer com ela. Muitas delas se sentem um caco. A beleza há muito tem sido o golpe perfeito, uma inesgotável máquina da vergonha.

É um conflito muito antigo para as mulheres. Caso não se adequem o suficiente ao padrão de beleza, correm perigo de serem excluídas como feias. Mas mesmo que consigam alcançar o nível Kardashian de glamour, ainda irão encarar expectativas sexuais e estigmas.

Constranger mulheres por sua sexualidade tem sido uma ferramenta do patriarcado em várias culturas ao longo dos séculos. Isso é acentuado em julgamentos de estupros, em que o advogado de defesa pergunta à vítima o que ela vestia no momento do suposto ataque, sugerindo que ela encorajou o crime e é uma vadia. A mulher não consegue controlar a narrativa. Se é esperado que ela seja bonita, correndo o risco de exagerar e, portanto, atrair o estupro (a exemplo da experiência de Leda com Zeus), quanto poder ela tem sobre seu próprio corpo e existência? Algumas coisas não mudaram desde a Guerra de Troia. A validação corporal, em especial para jovens mulheres, é fortemente ligada aos desejos e caprichos de uma sociedade comandada por homens.

A mulher que recebe esse bombardeio de recomendações decerto precisa de ajuda, e talvez com urgência. Ela não está sendo gentil com seu corpo. Ela não consegue evitar ver a si mesma como impura, como alguém que está em desacordo com a natureza e está pagando o preço, apareça o problema na forma de diminuição da libido, rugas, insônia, ansiedade, mau hálito ou gordura no tornozelo.

O bem-estar, como outras máquinas da vergonha que vimos, expressa apenas as melhores intenções. Na vanguarda da indústria está a Goop, fundada em 2008 pela atriz Gwyneth Paltrow como uma "singela *newsletter* semanal". De acordo com a Goop, "nós operamos a partir de um lugar de curiosidade e não julgamento, e começamos conversas difíceis, quebramos tabus e buscamos por conexão e ressonância em qualquer lugar que pudermos encontrar". A empresa, com um valor estimado de 250 milhões de dólares em 2019, vende elixires caros para ajudar no sono e esticar pele enrugada. A Goop até oferece consultas espirituais para "liberar energia velha, realinhar-se com os seus propósitos, ou apenas tirar um momento para ser em vez de fazer".

Assim como tratamentos de vícios e perda de peso, muitas das alegações da Goop são ancoradas em ciência mentirosa. Em 2018, por exemplo, autoridades da Califórnia ganharam na justiça um acordo com a empresa depois de acioná-la por propaganda enganosa. Ela havia vendido um ovo vaginal de jade de 66 dólares com a promessa de que, ao inseri-lo como um absorvente interno, as mulheres poderiam regular os ciclos menstruais, equilibrar hormônios e melhorar o controle da bexiga.

A mensagem implícita dessa publicidade era que mulheres inteligentes, que cuidam de seus corpos, iriam comprar esse ovo e colher os benefícios. E todas as outras, sofrendo de irregularidades hormonais ou se levantando três ou quatro vezes à noite para fazer xixi? Elas não sabiam o que era bom para elas.

<☠/>

Talvez o segmento mais perverso da indústria do bem-estar é o enorme arsenal de produtos e serviços destinados a camuflar o envelhecimento, ou, ainda melhor, adiá-lo ou revertê-lo. A premissa que sustenta toda a indústria é de que envelhecer é um desastre. Pessoas velhas são fracas, feias, enrugadas, desatualizadas, patéticas, moribundas. Ser velho em nossa sociedade significa ser constrangido.

Caso não tenha se convencido, então por que pessoas acima dos trinta mentem a idade sempre para menos? "Você parece novo" é um elogio. "Sinto-me velho", do mesmo modo, é um sinal de derrota. Dizer diretamente a alguém que ele ou ela parece velho seria muito grosseiro, e por isso não é comum de se ouvir, mas não se engane: o etarismo é generalizado, mesmo que não explícito.

A maioria das demais máquinas da vergonha subsistem com base no desprezo que temos pelos outros. Participamos, muitas vezes sem querer, atacando os desfavorecidos que pisaram na bola, na nossa visão, fazendo escolhas erradas ou preguiçosas. Eles comem demais. Eles não trabalham. Eles usam drogas. Eles desperdiçam dinheiro. Nós direcionamos a vergonha, via de regra, às pessoas que se comportam mal.

Entretanto o etarismo é diferente. A velhice é o lugar para o qual todos estamos indo. Goste-se ou não, aqueles que não querem morrer jovens pretendem envelhecer. Então constranger os idosos é uma forma distorcida de autoaversão. Nós odiamos e desrespeitamos aquilo que iremos nos tornar — e trabalhamos ferozmente para retardar o processo.

Ashton Applewhite, autora e ativista antietarismo, argumenta que o etarismo é uma obsessão malévola. Para evitá-lo, alimentamos máquinas da vergonha. No Vale do Silício, ela diz, "engenheiros estão fazendo *Botox* e implantes capilares antes de entrevistas importantes. E trata-se de homens brancos qualificados na faixa dos 30, então imagine só os efeitos mais abaixo na hierarquia".

Talvez a aflição mais assustadora associada à velhice seja a demência. Perder o domínio da mente e memória é um medo visceral. Some isso à percepção de que as outras pessoas estão vendo o seu declínio, captando cada pausa, cada palavra deslocada. Muito da vergonha é interna e projetada. Isso não enfraquece seu poder ou potencial de mercado. Se as pessoas encontrarem um produto que promete manter a mente sã e a memória intacta, diz Applewhite, é compra garantida.

Mark Underwood percebeu isso cedo. Ainda na casa dos vinte, o ex-aluno de Psicologia da Universidade de Wisconsin-Milwaukee criou uma droga milagrosa baseada numa proteína de água-viva chamada apoaequorin. Ela é semelhante em estrutura à proteínas que controlam os níveis de cálcio no cérebro humano. A ideia era criar uma pílula que seria engolida e digerida, com uma versão sintética da proteína da água-viva sendo então levada à cabeça. Se pudesse reduzir o acúmulo de cálcio em artérias do lado de fora do cérebro, poderia frear ou até mesmo reverter os efeitos da demência. A efetividade da apoaequorin era (e permaneceria) mais uma suspeita do que comprovação científica. Mas muitas pessoas, esperava Underwood, pagariam para retardar o início da falta de memória. Ele daria às pílulas o nome de Prevagen.

Em seu anuário do colégio de 1991, Underwood havia jurado "ganhar quantias chocantes ainda jovem e passar o resto da minha vida gastando tudo", de acordo com um artigo investigativo da revista *Wired*. Em 2004, Underwood, então com 30 anos, se juntou a um empresário de Milwaukee, Michael Beaman, para lançar a Quincy Bioscience. No ano seguinte, fundaram a Prevagen. Muito do marketing inicial era feito por telefone. Imagine um *call center* cheio de pessoas contactando longas listas de gente de idade e perguntando se alguma vez um nome ou acontecimento havia escapado da memória. O discurso de vendas repetia a conversa fiada sobre a água-viva e os supostos poderes de suas proteínas. Eles citavam estudos cognitivos (patrocinados pela empresa) e ofereciam o suprimento mensal por 50 ou 60 dólares. O negócio deslanchou.

 A Quincy Bioscience foi cuidadosa ao registrar o Prevagen como suplemento, e não medicamento. Isso relaxava a supervisão regulatória. Suplementos têm menos obstáculos para serem aprovados, precisando confirmar apenas que não causam danos, como prejudicar ou matar o consumidor. Se funcionam ou deixam de funcionar não é a questão.

 Mas as falsas alegações ainda importavam. E conforme a Prevagen expandia seu mercado, autoridades e órgãos de proteção aos consumidores começaram a questionar as alegações extravagantes que a Quincy Bioscience fazia em seu site e página do Facebook. A empresa afirmava que o Prevagen era "o primeiro e único suplemento nutricional que (...) protege as células do cérebro de morrerem". Ao mesmo tempo, a empresa reforçava o uso da vergonha, prometendo que a pílula iria "restaurar em você as proteínas perdidas de modo a recuperar a sua dignidade".

 A Food and Drug Administration (FDA) emitiu um aviso à Quincy Bioscience em 2012, e a Federal Trade Comission (FTC) a processou no mesmo ano por propaganda enganosa. Representantes legais entraram com ações coletivas. Ao mesmo tempo, milhares de clientes apresentaram queixas de efeitos colaterais, desde arritmia cardíaca até alucinações. Tudo isso manteve os advogados da empresa bastante ocupados. E mesmo assim a companhia conseguiu transformar o Prevagen num produto famoso. As pílulas são encontradas em lojas como Walgreens, CVS e Amazon. A empresa também inseriu sua proteína mágica em alimentos, lançando o NeuroShake em 2013 — em vez de manter você acordado, como um café ou Red Bull, ele melhora a saúde do cérebro: "Dê o pontapé inicial na sua mente!".

A Quincy Bioscience agora investe pesado em anúncios de TV. Idosos amigáveis tomam o lugar da esposa abandonada das antigas propagandas de Lysol. Eles têm uma confissão a fazer. Antes do Prevagen, eles lutavam para conseguir lembrar nomes e outros fatos. Estavam enlouquecendo, e era vergonhoso. Não conseguiam se abrir, nem mesmo para os melhores amigos. Mas então encontraram um produto, uma pílula chamada Prevagen, e, quem diria, a cabeça parecia nova!

Há evidências escassas de que a droga de fato faz o que promete. Como escreve Robert Shmerling, professor da Escola de Medicina de Harvard, "se a apoaequorin é tão incrível assim, por que águas-vivas não são mais inteligentes?". A Quincy Bioscience, como outras máquinas da vergonha, respondem a tais questionamentos com ciência falsa. De acordo com Mark Underwood, em 2010 a empresa realizou um "grande estudo duplo-cego, com placebo, que (...) mostrou a grande eficácia do Prevagen, mostrando melhoras estatisticamente significativas de lembrança de palavras, função executiva e de memória de curto prazo". O chamado Madison Memory Study envolveu 218 participantes, que tomaram dez miligramas de Prevagen ou placebo. Eles foram então avaliados em nove tarefas cognitivas durante 90 dias. De acordo com a acusação da FTC contra a Prevagen, os resultados representavam um revés para a empresa. Eles não mostravam melhoras estatisticamente relevantes.

Porém a ciência falsa consegue reformular um resultado ruim e fazê-lo parecer bom. Nada com que se preocupar. O truque consiste em os estatísticos mergulharem nos dados, fatiá-los e analisá-los até que consigam juntar algo melhor. Na busca por resultados "significativos", a empresa conduziu mais de trinta análises diferentes das descobertas do Madison Memory Study, decompondo cada uma das nove tarefas cognitivas em subgrupos menores. Essa é uma técnica clássica para mentir usando estatísticas, e as pessoas que fizeram o estudo ou sabiam que estavam mentindo ou não deveriam ser profissionais da área. Ao partir grandes conjuntos de dados em segmentos, os manipuladores se beneficiam da natureza dos números pequenos. Se você lançar uma moeda no ar cem vezes, os resultados em geral seriam próximos de 50-50. E se lançar mil vezes, esse equilíbrio seria ainda mais provável. Mas se você dividir essa série de cem em dez subgrupos, muitos deles mostrarão desvios. Algumas amostras poderão mostrar 8 a 2, ou ao menos 7 a 3. Quem falsifica estatísticas se concentra nas amostras que melhor se encaixam nas suas conclusões.

<☠/>

A dinâmica das nossas histórias com a vergonha, até aqui, tem sido tão clara quanto a de uma peça de teatro medieval de moralidade. Essas imensas máquinas da vergonha atacam os desfavorecidos para explorar sua obesidade, vícios, pobreza ou saúde deficiente, ganhando poder e fatia de mercado no processo. Elas tratam suas vítimas como lucrativos alvos de negócios ou como totalmente descartáveis — e não raro juntam ambas as táticas. O resto de nós mantém esse *status quo* ao aceitar como verdade absoluta suas falsas premissas: os perdedores merecem seu destino porque fizeram más escolhas; talvez se eles se sentirem mal o suficiente irão se corrigir. A vergonha é poderosa, e funciona — mesmo quando não deveria.

Precisamos encarar e combater as poderosas indústrias da vergonha, porque elas perpetuam os *status quo* disfuncionais e lucram com eles, sem solucionar nada. As taxas de obesidade estão disparando. Os opioides estão devastando comunidades rurais e urbanas. Números absurdos de jovens homens negros estão definhando em prisões. A desigualdade atingiu níveis não vistos desde a Era Dourada no final do século XIX. A vergonha está em ação em cada um desses fracassos sociais, e, no entanto, também funciona como um mecanismo de distração. Quando deparamos com os problemas, uma saída fácil nos é oferecida repetidas vezes: se as pessoas não tomassem decisões tão desastrosas, não estariam sofrendo. É culpa delas. Assim segue a espiral da vergonha, e as coisas pioram.

Como podemos interromper esses ciclos destrutivos? O primeiro passo é a conscientização. Precisamos de um acerto de contas. A maioria de nós aceita o *status quo* e dificilmente se dá conta do ataque aos mais fracos que o sustenta. Podemos revelar a maldade subjacente ao olhar para o mundo ao nosso redor, nossos relacionamentos e dinâmicas do poder através das lentes da vergonha.

Já demos passos nessa direção antes, com o racismo e o sexismo. Não estou dizendo que são dois históricos de sucesso. Mas há maior conscientização de ambos, o que é necessário para a transformação. Tão recente quanto nos anos 1960, quase meio século atrás, quase não havia nenhuma pessoa negra em programas ou noticiários de TV aberta, muito menos nas propagandas. E isso, parece, não incomodava a audiência branca, porque ninguém os havia forçado a reconhecer quão estranha era essa falta de representatividade. Durante a mesma década, apenas um pequeno contingente de feministas havia parado para considerar quão injusto era o fato de que entre os vinte e oito membros do gabinete do presidente Lyndon Johnson, não havia uma única mulher.

Uma cegueira semelhante nos afeta no que tange confrontar as gigantes máquinas da vergonha nutridas por nós. Contudo, se milhões começarmos a desmontá-las para ver como funcionam por dentro, as atitudes podem mudar — no público, na mídia, nas corporações e na política. Então poderemos dar passos em direção a corrigir as injustiças.

A psicóloga Donna Hicks oferece uma abordagem útil para pensarmos a respeito disso. Por muitos anos, Hicks trabalhou com resolução de conflitos em países ao redor do mundo. Ela sentou-se com grupos em guerra no Oriente Médio, Sri Lanka e Colômbia tentando ajudá-los a estabelecer um entendimento comum e alcançar a paz.

O que ela encontrou sob todos os argumentos foram profundas correntes de dor. Muitas vezes ambos os lados de uma negociação se sentiam rebaixados, menosprezados, excluídos e desrespeitados pelas pessoas do outro lado da mesa. Hicks determinou que as pessoas nunca conseguiriam estabelecer acordos sem antes honrar a dignidade umas das outras enquanto seres humanos.

Ela passou a estudar e a enumerar o que chamou de violações de dignidade. Sua ideia é que todos nós, ao nascer, estamos abertos, vulneráveis e, é claro, dignos do respeito dos outros. Mas conforme experimentamos o desprezo, a exclusão e a desconfiança — quando somos, de fato, constrangidos —, endurecemos para nos proteger. A vergonha, e não a dignidade, se torna a moeda de troca emocional do nosso universo. Como sociedade, muitas vezes sem perceber nós perpetuamos e participamos da punição ao atacar os mais fracos. E as impiedosas máquinas da vergonha que financiamos e apoiamos, como prisões e cruéis casas de reabilitação, roubam a dignidade de suas vítimas e deixam-nas incapazes de recuperar suas vidas. Estamos tão presos e envolvidos nas máquinas da vergonha que construímos mais delas.

Podemos mudar de rumo ao seguir o roteiro da dignidade estabelecido por Hicks. A essência dele é respeitar todos os outros seres humanos. Isso significa reconhecer que sejam vistos e ouvidos, e resistir à tentação de excluí-los. Significa sermos justos com as pessoas e cuidar que estejam seguras — incluindo seguras de sofrer humilhação e constrangimento. Uma das formas mais poderosas de se conferir essa dignidade, diz Hicks, é simplesmente dar às pessoas o benefício da dúvida.

Hicks diz que ela ainda se esforça para viver à altura de seus ideais. Todos nós fazemos isso. Cada vez que desviamos o olhar quando alguém pede dinheiro na rua, por exemplo, ou apertamos o passo passando por uma pessoa dormindo debaixo da ponte, negamos-lhes respeito, confiança e inclusão, sem mencionar qualquer preocupação pela segurança da pessoa. Mas também contribuímos com o lamentável *status quo* ao perpetuar as normas que sustentam as máquinas da vergonha dominantes. Se aceitarmos que os gordos, pobres, pessoas com vícios e tantos outros estão sofrendo porque fizeram más escolhas, nós, também, somos parte do problema.

    Conscientizarmo-nos das violações de dignidade que cometemos dia após dia representa o primeiro passo em direção a desmantelar as máquinas da vergonha.

// **PARTE 2**

VERGONHA EM REDE

CAPÍTULO 5
CLIQUE
EM CONFLITO

Um dia, em 2012, uma mulher obesa tentava pegar uma caixa de refrigerantes num Walmart do estado do Missouri quando seu carrinho motorizado tombou. Depois de se estatelar no chão, ela viu um *flash* de luz e ouviu garotas dando risadinhas.

Para protegê-la de mais constrangimento, irei chamá-la de Joanna McCabe. Mãe de dois, McCabe sofria de uma doença espinhal chamada espondilolistese, que tornava andar algo doloroso. Ela tinha depressão clínica e não se surpreendia ao ser motivo de risos e escárnio. "Não dei muita bola", escreveu depois, "porque estou acostumada a ouvir pessoas tirando sarro de mim ou fazendo comentários sarcásticos. Não era nenhuma novidade".

Alguém havia tirado uma foto dela, que logo foi parar num site de zombaria chamado People of Walmart, e daí ao Reddit e ao Facebook. Joanna McCabe viralizou. Nos comentários das redes sociais, pessoas divertiam-se com ela e ridicularizavam suas escolhas de vida. A ignorância de uma mulher gorda pegando um refrigerante! Entretanto, o elemento mais condenatório era a foto. Com as mídias sociais como uma potente força aceleradora, a imagem de uma mulher grande esticada no chão de um supermercado se espalhou para uma parte significativa da humanidade.

McCabe foi vítima de uma nova e potente variedade de máquinas da vergonha. Os titãs digitais, liderados por Facebook e Google, não apenas lucram com eventos vergonhosos, mas são projetados para explorá-los e difundi-los. Em seus enormes laboratórios de pesquisa, os matemáticos trabalham ao lado de psicólogos e antropólogos, usando nossos dados comportamentais para treinar suas máquinas. Seu objetivo é incentivar a participação dos clientes e minerar ouro a partir de anúncios. Quando se trata desse tipo de engajamento intenso, a vergonha é um dos motivadores mais potentes. Está lá no topo, junto com sexo. Assim, mesmo que os cientistas de dados e seus chefes em seus ternos de executivos não mapeiem uma estratégia baseada no constrangimento, seus algoritmos automáticos se concentram nele. Isso impulsiona o tráfego e faz o faturamento crescer.

Você poderia dizer que as pessoas que zombaram de Joanna McCabe não tiveram a intenção de machucá-la, que estavam apenas brincando. A foto do tropeço no Walmart deu a elas oportunidade de se exibir nas redes sociais e aumentar a reputação, ganhando curtidas e seguidores. E sim, foi basicamente constrangimento performático. Contudo, vendo o incidente pelas lentes da vergonha, a horda *on-line* estava atacando a mais fraca, a cliente caída, sem nenhum propósito construtivo. Decerto não era uma tentativa de resgatar uma alma desgarrada de volta aos padrões comuns. Para a maioria das pessoas, ela era apenas uma pinhata, um pote frágil digital.

Essa é a natureza tóxica das redes da vergonha, e a atração que exercem é potente. Quando expressamos indignação num *tweet* ou atacamos algum canalha no Facebook, isso nos faz sentir bem. Os circuitos de recompensa no estriado ventral, uma parte da frente do nosso cérebro, iluminam-se, diz Molly Crockett, pesquisadora de Yale. É algo semelhante à resposta neural que temos quando comemos, fazemos sexo ou cheiramos uma linha de cocaína. Crockett diz que o cérebro evoluiu para recompensar comportamentos que propagam a espécie. E manter os outros membros da comunidade na linha passa nesse teste. A indignação satisfaz, mesmo que seja produto de uma acusação vil e infundada.

Na era pré-internet, um momento vergonhoso como uma queda no corredor de refrigerantes poderia gerar algumas piadas entre amigos e vizinhos. Porém hoje um pequeno deslize pode pôr em última marcha o maquinário em rede da vergonha, transformando-o num evento global. Incitados por algoritmos, milhões de nós participamos dos dramas veiculados pela internet, fornecendo mão de obra gratuita aos gigantes da tecnologia. A atividade que eles comercializam tem um papel descomunal em definir a vida que levamos e a sociedade que criamos. A vergonha fluindo pelas redes afeta não apenas o modo como pensamos, mas o que aceitamos como verdade.

O estranho caso dos chamados garotos de Covington é um exemplo perfeito de realidade divergente. Em janeiro de 2019, estudantes do Covington Catholic, um colégio para meninos no norte de Kentucky, haviam participado de uma manifestação antiaborto em Washington. Na volta, esperavam o ônibus próximos ao Lincoln Memorial quando, de acordo com os primeiros vídeos que apareceram, um dos alunos, Nick Sandmann, de dezesseis anos, iniciou o que pareceu ser um confronto com Nathan Phillips, um ancião da tribo Omaha. Philips cantava e tocava um tambor. Sandmann, vestindo um boné vermelho com a inscrição *Make America Great Again* (Faça a América Grande Novamente), ficou a meros centímetros de Phillips, cara a cara. Ele parecia insultá-lo, com um sorriso malicioso no rosto. É certo que a expressão pode ter sido apenas uma questão de desconforto adolescente ou falta de jeito. O sinal emanando do rosto daquele garoto era ambíguo, e quando as fotos e vídeos apareceram nas redes sociais, logo desencadearam uma explosão cultural e política. Começou na esquerda, que considerava Sandmann, com seu boné de apoio a Trump, um exemplo perfeito de desrespeito e intolerância em ao menos dois níveis. Ele talvez fosse um homem branco privilegiado desdenhando de uma pessoa indígena e também um jovem imaturo depreciando um idoso digno.

Uma escritora do BuzzFeed, Anne Helen Peterson, tuitou que a expressão de Sandmann era "o olhar do patriarcado branco". David Simon, criador da série *The Wire*, da HBO, disse que o boné de Sandmann simbolizava "o puro mal". Alyssa Milano, atriz, evocou a Ku Klux Klan, dizendo que o boné vermelho era o "novo capuz branco". Reza Aslan, autor do bestseller *Zealot: The Life and Times of Jesus of Nazareth*, sintetizou a animosidade num *tweet* que mais tarde seria apagado: "Dúvida sincera. Alguém já viu um rosto mais socável do que o desse garoto?".

Esses e outros *posts* parecidos geraram milhões de curtidas e compartilhamentos. Com base em poucos segundos de um vídeo, um até então desconhecido aluno de Ensino Médio era agora infame. Ele não tinha uma aparência diferente da de seus colegas, como um menino em trajes Amish ou um gigante. Na verdade, ele parecia ser o típico aluno branco de colégio, um arquétipo do gênero. E se estivesse usando um boné de beisebol de um time ou outro, seu encontro com Nathan Phillips poderia ter passado batido. Entretanto, o boné MAGA vermelho que usava sinalizava para Aslan, e muitos outros, que se tratava de um monstro odioso, e que era justo atacá-lo.

Naturalmente, forças à direita começaram o contra-ataque. O Public Advocate of the United States, grupo político de Washington, louvou Sandmann num agora deletado *tweet* por não recuar "diante de um furioso esquerdista gritando e batendo em seu tambor 'tribal'". Laura Ingraham, comentarista da Fox, pressionou o Twitter a derrubar "a selvageria sádica *on-line*" da esquerda.

Durante as semanas seguintes, outros vídeos do incidente apareceram, fornecendo mais contexto. Os alunos de Covington, no fim das contas, enfrentavam provocações racistas de um pequeno contingente de Israelitas Hebreus Negros, um grupo que inclui supremacistas negros. Isso levou a uma confrontação, na qual os garotos tentaram abafar as provocações com aplausos e cantos escolares.

Foi nesse ponto que Phillips ficou entre os dois grupos com seu tambor, tentando, disse depois, aplacar a discussão.

Os detalhes ainda não eram claros. Mas cada lado, esquerda e direita, encontraram pretextos suficientes para seu tiroteio de vergonha. Como Zack Beauchamp escreveu na Vox, o episódio logo se transformou num teste de Rorschach político e social, em que cada lado via as abominações do oponente e o constrangia. A coisa se transformou numa batalha de memes, com a esquerda denunciando o racismo e o privilégio branco, enquanto a direita trucidava o politicamente correto puritano e o preconceito contra cristãos e brancos. Sandmann se tornou um ícone da liberdade, vítima da "cultura de cancelamento" da esquerda. Um ano depois, ele foi palestrante na Convenção Nacional Republicana de 2020. Naquela altura, quaisquer chances de se examinar as nuances do bizarro encontro em Washington, D.C. com cuidado não existiam mais.

Imagine por um instante um dos milhões de norte-americanos envolvidos nessa história toda. Numa manhã de janeiro, em algum lugar do país, um homem, ainda vestindo seu roupão de banho, liga seu celular ou *laptop* e vê a foto da encarada entre Nick Sandmann e Nathan Phillips. Dependendo da bolha política que tal indivíduo habita, ele consome raiva e indignação de um lado ou de outro, e é impulsionado a participar. Primeiro compartilha um *tweet* raivoso e curte uma crítica contundente no Facebook. Então ele mesmo escreve um *tweet*. Ele sente um crescente senso de satisfação conforme outros o retuitam e curtem, o que o mantém colado no computador.

O clima muda, porém, conforme chegam as respostas raivosas a seu *tweet*. Elas o constrangem por estar sendo injusto com uma criança, ou por ser racista, ou por ser um fantoche de um lado ou de outro. Isso o chateia. Ele pondera suas respostas. Mesmo quando modera o tom, tentando encontrar pontos em comum, uma chuva de *tweets* coléricos cai sobre ele. Sua indignação cresce.

Horas passam. O dia está quase no fim. Essa pessoa e milhões de outras passaram um tempo precioso transmitindo ao mundo a depravação e a perversão do outro lado. Ainda que o drama desse dia tenha começado com a confrontação próxima ao Lincoln Memorial, ele converteu-se numa rixa de constrangimento, com pessoas lançando queixas e acusações de um lado para o outro.

Essas batalhas sem fim não apenas estimulam o tráfego nas plataformas das redes sociais e acumulam rendimentos abundantes com publicidade, mas também fornecem dados valiosos. Conforme as pessoas delimitam suas posições, compartilhando os *posts* com os quais concordam e denunciando seus inimigos, as plataformas aprendem algo a respeito delas. O conhecimento de quem são permite que os sistemas posicionem cada usuário dentro de subgrupos calibrados com primor — o que faz a publicidade direcionada ainda mais eficiente e rentável. O resultado é que as máquinas da vergonha tais como Facebook e Google viram suas ações dispararem ao longo da última década, fazendo delas companhias trilionárias, dentre as mais valiosas do mundo.

Para os titãs da internet, os ganhos inesperados a partir desses conflitos não são mera questão de sorte. Suas plataformas são projetadas para incentivar essas disputas lucrativas. E tendem a empurrar os usuários em direção a posições extremadas, o que esquenta as discussões, tornando-as mais difíceis de se resistir a elas.

Editoras e editores, é claro, se beneficiaram do conflito por séculos. Em *O homem do casaco vermelho*, o romancista Julian Barnes descreve o que havia de mais avançado no século XIX: "Quando a circulação de um jornal começa a cair, um dos editores arregaça as mangas e escreve um artigo mordaz no qual insulta um ou mais de seus colegas. O outro responde. A atenção do público é atraída; as pessoas assistem como se fosse um combate de luta livre num evento".

O Facebook entende bem o fenômeno. Em 2018, de acordo com o periódico *The Wall Street Journal*, um estudo interno concluiu: "Nossos algoritmos exploram a atração que o cérebro humano tem por divisão e discórdia. Se deixada sem controle", alertava, a plataforma continuaria a manter "mais e mais conteúdo divisório".

Essa é a natureza de plataformas automatizadas regidas por algoritmos de aprendizado de máquina. Se o objetivo do sistema é maximizar tráfego e receitas, ele automaticamente distribui e alavanca a informação que leva a mais cliques, comentários e compartilhamentos. E já que somos muito mais propensos a responder a ameaças e ataques do que a apelos para diálogos civis, moderados e matizados, clicamos nas grosserias e logo nos vemos envoltos nelas.

    Por conta desse *design*, as plataformas de mídias sociais são muito bem-sucedidas em atiçar a indignação e mal adaptadas, para dizer o mínimo, para alcançar consensos pacíficos. Quando executivos do Facebook foram confrontados com seu estudo interno, que levantou desconfortáveis questões morais sobre seu modelo de negócio, eles arquivaram a pesquisa, de acordo com o *The Wall Street Journal*. Mais tarde, em 2020, uma auditoria de direitos civis encomendada pelo próprio Facebook acusou que a liderança da empresa não estava "suficientemente atenta à intensidade da questão sobre a polarização e o modo como os algoritmos usados pelo Facebook inadvertidamente fomentam conteúdo radical e polarizador". Os auditores ainda disseram que negligenciar essa questão poderia "gerar consequências perigosas (e fatais) no mundo real". Se precisavam de comprovação, ela veio menos de um ano depois quando uma multidão enfurecida, alimentada por teorias da conspiração proliferadas nas redes sociais, invadiram o Capitólio em Washington, disseminando morte e destruição, além de ameaçar enforcar o vice-presidente dos Estados Unidos.

    Seria de se imaginar que um evento traumático como o que se viu no centro legislativo americano tivesse forjado ao menos algo como uma união horrorizada, talvez similar à reação popular seguinte aos ataques terroristas de 11 de setembro de 2001. Entretanto, eles ocorreram antes do nascimento das redes sociais *on-line*. Nas décadas seguintes, os gigantes digitais aceleraram a fratura da opinião pública em grupos pequenos e isolados que, com frequência, fracassam em entender ou respeitar uns aos outros.

O problema com nossos novos grupos e comunidades, tanto *on-line* quanto em encontros sociais, é que fica cada vez mais difícil enxergar para além deles. Eles tendem a dominar nossos canais de informação e moldar a forma como vemos o mundo. O resultado é que muitos de nós podemos ser iludidos e passar a crer que os valores que compartilhamos com nossos amigos de mesma opinião são universais.

Nós progredimos tanto, dizemos para nós mesmos. Mas quem somos "nós"?

Em muitos ambientes universitários, por exemplo, é quase evidente que pessoas cuidadosas devam listar seus pronomes com suas informações de contato e usar o vocabulário recém-aprovado, além de abreviaturas para diferentes raças, etnias e identidades de gênero. Dessa perspectiva, um progresso contínuo foi "alcançado" nos anos recentes no confronto a injustiças históricas, e esse novo vocabulário reflete tal ajuste de contas. Assim, nossa língua germina novas normas, e aqueles que ficam com as velhas palavras precisam de uma correção de rota. Às vezes o lembrete vem de uma dose de vergonha, seja uma repreensão numa sala de aula ou um vídeo de alguém cometendo uma gafe postado nas redes sociais.

O problema é que o que parece uma verdade irrefutável para certa comunidade, alcançada através de profunda e longa discussão, permanece absolutamente estranho à outra. É como se não tivessem recebido o recado. Pronomes? Por quê? Significa que, se eu não os exibir, insultarei os outros? Em vez de compreender esses ajustes linguísticos como conclusões razoáveis de uma conversa sobre justiça, os grupos passam a representar novas ordens desconcertantes criadas por uma tribo hipócrita de alienígenas, neste caso, os "*woke*". Assim, ambos os lados se constrangem, um por propagar novas ortodoxias e o outro por rejeitá-las.

Fechados dentro de nossos pequenos grupos *on-line*, o diálogo murcha e o desentendimento cresce, junto com o desrespeito. Como resultado, tendemos a ver os outros não apenas como diferentes, mas como membros de seita. E é bem provável que eles pensem o mesmo sobre nós.

<☠/>

Digamos que você abra o Facebook e veja uma notificação. Você clica e fica horrorizado ao ver que alguém postou uma foto em grupo e marcou você nela. Acontece que era uma foto bastante desfavorável, talvez a foto mais feia possível de você. E seu nome aparece na tela para todos que passarem o cursor sobre a imagem. Essa *tag* é abominável, porque significa que quando qualquer pessoa procurar na internet por você ou qualquer outra pessoa marcada naquela foto, ou por acaso qualquer coisa relacionada ao evento de que você estava participando, aquela foto constrangedora vai aparecer. Ela se cola à sua identidade e é levada consigo, como um pedaço de papel higiênico num sapato.

O sofrimento que infligimos nos outros por meio das máquinas digitais da vergonha, muitas vezes sem saber, é responsável apenas pela dor mais óbvia. Os abusos mais penetrantes são projetados para funcionarem por conta própria. E esse veneno automatizado está avançando em ritmo tão frenético que a ficção científica de poucos anos atrás agora se parece com as notícias atuais. O romance de 2010 de Gary Shteyngart, *Super Sad True Love Story* (Uma História de Amor Real e Supertriste), por exemplo, descreve um mundo futurístico no qual dados abertos são radicalmente o normal, e a possibilidade de constrangimento está à espreita em todo lugar. *Scores* de crédito aparecem num visor público quando personagens passam por um "poste de crédito" nas ruas do bairro. Os celulares mais avançados, ou *äppäräts*, podem escanear o patrimônio líquido e histórico-financeiro de cada transeunte. Quando alguém num bar conta uma piada sem graça, sua pontuação de "atratividade" e "personalidade" despencam em tempo real.

Abusos similares a esses já estão se espalhando, em especial na China, onde a vigilância estatal opera sem qualquer restrição. Há conjuntos de *scores* de crédito social sancionados pelo governo, alguns dos quais penalizam determinada pessoa se uma câmera de vigilância pegá-la acendendo um cigarro numa área proibida ou jogando videogames demais. Outros usam câmeras equipadas com inteligência artificial que conseguem identificar indivíduos baseados numa combinação de feições faciais, postura e andar. Então, digamos, se alguém estiver indo para o trabalho a pé e atravessar fora da faixa, a *smart* câmera pode identificar o nome e informações pessoais do infrator e exibi-los num *outdoor* digital. Você também pode ser punido por sujar o metrô ou depreciar *on-line* o partido governista. Suas várias infrações podem também ser anunciadas, por nome, no Weibo ou WeChat, os gigantes da internet na China.

Não importa onde vivemos, alguns de nós se saem bem melhor que outros nas nossas relações com a rede crescente que faz a ligação de dados com a vergonha e o estigma. As pessoas mais fáceis de se explorar tendem a ser as mais desesperadas, as que estão sem dinheiro, conhecimento ou tempo livre para cuidar da bagagem digital que deixam de rastro, ou simplesmente aqueles que, por tradição, têm sido maltratados. É gente que é desproporcionalmente pobre ou de outro modo marginalizada e tem menos controle sobre sua identidade. Já vimos como suas vidas são definidas, e envenenadas, pelas máquinas da vergonha: a indústria da dieta, vendedores de opioides, prisões que visam ao lucro, burocracia de assistência social e centros de reabilitação que exploram trabalho não remunerado. Essas máquinas atacam os mais fracos de maneira implacável.

Contudo a vergonha possui uma segunda vida na economia dos dados. Despejos, incidentes com os serviços de proteção à criança ou com a lei, viagens a cassinos — tudo deixa ricos rastros de informação, criando uma mina de ouro para as muitas instituições que se sustentam com dados de constrangimento. Vão muito além das redes sociais, até a economia formal de companhias de avaliação de crédito, corretores de hipotecas e conselhos de liberdade condicional, bem como uma vasta lista de trapaceiros e golpistas. Os episódios que provocam mais vergonha são digitalizados, codificados e então processados por centenas ou milhares de algoritmos diferentes para avaliar as pessoas envolvidas, ganhar dinheiro à custa delas e privá-las de oportunidades, muitas vezes de modo permanente.

Isso é muito parecido com a letra A, de adultério, que a personagem Hester Prynne foi condenada a usar em *A letra escarlate*, de Nathaniel Hawthorne. Mas desta vez o estigma é digital. Não mais fixado num vestido, na tradição puritana, ele perdura como uma abundância de *scores* de risco em colossais *data centers* armazenados em nuvens computacionais.

Limpar essas letras escarlates digitais não é uma questão simples. Embora seja verdade que o sistema de justiça dos Estados Unidos permita que uma pessoa absolvida de um crime elimine a acusação de seus registros oficiais, as fotos de fichamento criminal e as acusações persistem na internet e aparecem nos resultados dos mecanismos de buscas. Um homem de Nova Jérsei chamado Alan foi acusado em 2017 de um crime fruto de um mal-entendido: uma convocação para se apresentar a um tribunal municipal fora enviada para um endereço errado. O juiz entendeu isso e prontamente anulou a acusação. No entanto Alan, como descrito pela *Slate*, teve enorme dificuldade de remover seu (falso) registro de prisão da internet. Depois de contactar diversos administradores de *websites* e a polícia federal, não obteve sucesso total. Porém, durante todo o tempo ele continuou recebendo ofertas de consultores de "gerenciamento de reputação", que ofereciam apagar suas fotos de fichamento cobrando uma taxa. O vasto ecossistema econômico do constrangimento digital oferece infinitas oportunidades de se ganhar dinheiro.

<☠/>

Em uma tarde gelada de Nova Iorque, estou sentada com um grupo de jovens mulheres. Elas são estudantes do último ano de uma escola privada de elite da cidade (por razões de privacidade, concordei em não revelar seus nomes e escola). Por quase qualquer critério, elas levam vidas encantadoras, dentre as melhores que o século XXI pode proporcionar. Se estiverem indo mal em Matemática, terão professores particulares. Se tiverem acne no rosto, o dermatologista estará lá. Seus pais irão gastar o que for preciso para ajudá-las a elevar suas notas para o patamar correto. Dinheiro não é problema. A essa altura — metade do último ano — a maioria delas já foi aceita nas faculdades e universidades de maior prestígio do país. Essa enorme barreira ficou para trás. Em uma sociedade marcada pela desigualdade, elas estão do lado vencedor.

E, no entanto, quando trago o assunto da vergonha, é como se tivesse tirado a tampa de um caldeirão efervescente. Transbordam histórias horripilantes sobre humilhação e classificações. No Instagram, alvo de um grupo de meninas das quais ela esperava ser amiga, uma garota pode ser constrangida por promiscuidade depois de uma festa, por ter tirado nota baixa em uma prova ou, ainda, por ter alta taxa de gordura corporal. Em comparação às torrentes de vergonha que batem nos mais pobres, nos viciados ou nos encarcerados, essas preocupações são inofensivas, até fúteis. Mas são todas bastante reais para essas alunas. Mesmo em seu mundo de privilégios, elas sofrem desse tormento. Uma delas descreve a vergonha que sentiu quando decepcionou um técnico de atletismo. "Era pra eu dizer ao treinador que corri em 5:10, só que meu tempo foi 5:20. Eu estava 10 segundos atrás, e também 30 pontos abaixo da meta no SAT", diz. "Me sentia tão imperfeita."

O mundo digital amplifica essas competições a cada passo. As mídias sociais funcionam como júri e juiz, e esquadrinha os competidores 24 horas por dia, 7 dias por semana. Os sucessos são registrados dia a dia, disponíveis a um clique, bem como os fracassos. Cada tropeço é gravado, potencialmente compartilhado, e para sempre pode ser revisitado.

Isso gera pressão, que já é intensa entre alunos do Ensino Médio. Para as jovens mulheres com quem conversei, cada *post* de Instagram é uma rolagem do dado. Elas detalharam a análise que às vezes fazem para garantir que cada foto entregue uma mensagem meticulosamente aprimorada, com o corpo sendo mostrado na pose mais lisonjeira, nenhuma gordura na cintura, nenhum traço de pomada para espinha na testa. Seus dramas de Instagram são semelhantes a antigos dilemas femininos acerca do que vestir na festa ou na praia, ou, um século atrás, no baile. A diferença agora é que, enquanto se arrumam, estão vulneráveis numa rede global.

Essa hipervisibilidade pode reforçar ciclos de vergonha. Uma das alunas com quem conversei, por exemplo, me disse ter ficado "obcecada" com alimentação no nono ano. "Me sentia horrível se comesse um sorvete", diz. A fixação cresceu junto com a lista de alimentos proibidos. Logo, não estava comendo quase nada, e perdendo bastante peso.

Tais transtornos alimentares, é claro, existem bem antes da internet. Mas as dinâmicas das redes sociais podem acrescentar novos e perigosos elementos. Essa aluna, por exemplo, fez terapia e passou a comer normalmente, recuperando muito do peso. Porém agora, conforme passa por centenas de fotos de si mesma, procurando as melhores para postar no Instagram, ela se vê admirando suas fotos do nono ano — quando estava passando fome. Caso postasse essas fotos, propagando uma versão mais magra de si num mundo interligado em rede, poderia criar uma desconexão embaraçosa entre sua imagem *on-line* e aquela que as pessoas veem na escola. E isso poderia levar uma pessoa jovem a sincronizar ambas — e recair no transtorno alimentar.

A pressão incessante para se otimizarem aparências nas redes sociais — e o incomensurável reservatório de oportunidades de se autocriticar — gerou todo um ecossistema de *apps* de edição de corpo. Aqueles envergonhados de seus cabelos lisos ou crespos, do formato dos olhos ou tom de pele podem fazer ajustes. Para muitos adolescentes, contudo, é o corpo em si que precisa de correções com urgência. O Bodytune é um de vários *apps* que possibilitam às mulheres aumentar os seios, afinar a cintura e alargar os quadris. Com alguns cliques, podem alongar as pernas ou endurecer uma barriga mole até o formato de tanquinho. O *app* permite-lhes criar uma versão de si próprias das quais possam se orgulhar. Ele se promove como o *app* que "todo o mundo está usando em segredo".

Uma avaliadora na App Store, que se autodenomina BarbieLovesBilly, elogia: "este *app* de fato ajuda você a ostentar o que Deus lhe deu sem que outros usuários nas redes sociais saibam que você editou a foto e imediatamente pensem em PHOTOSHOP!". Mas ela reclama que esses *apps* de edição estão ficando "gananciosos". O Bodytune cobra uma taxa anual de 29,99 dólares depois de um período de testes de três dias. A menos que você seja podre de rico, ela alerta, "esse *app* vai te deixar falido".

O segredo, quer seja cirurgia plástica ou um *app* de *smartphone*, é fazer parecer natural, como se a pessoa merecesse parecer tão maravilhosa. Atalhos, como edição de fotos no meio digital ou cirurgia plástica no meio físico, são vistos como trapaça, o que por sua vez gera mais vergonha. É como tentar auxílio social em vez de uma vaga de emprego, ou lutar com vício em opioides usando metadona em vez de apenas aguentar os sintomas de abstinência.

Todos esses comportamentos em rede, desde compartilhar fotos de biquíni do Bodytune até enviar *tweets* moralistas, alimentam falsidades e desilusões. Eles estão focados em redefinir o mundo — e canalizar a vergonha de nós próprios contra os outros. E porque comunidades *on-line* inteiras os afirmam com curtidas, compartilhamentos e *emojis*, podem ser arrebatadores. Sim, você é belo ou bela, a multidão responde a uma *selfie* retocada. Outros são feios, até horrendos. E quando você se regozija em compartilhar a foto de uma mulher gorda caída no chão num corredor do Walmart, eles afirmam a sua virtude. Você está apenas dando nela um empurrãozinho prestativo para que melhore a saúde. Isso é falso, é claro, é veneno disfarçado de água mineral. Lamentavelmente, os danos se estendem para muito além dos indivíduos.

As redes da vergonha estão ativas nos engajando a rasgar nosso tecido social e, ao fazê-lo, nos viciar em prazeres de curto prazo, nos sentimentos de pequenos poderes, indignação ou vingança. E assim seguiremos, vivendo em comunidades cada vez menores nas quais nos sentimos protegidos, focados em nossas emoções descomunais em vez de no sistema mal projetado que as provocam de forma automática. É uma perpétua máquina da vergonha.

CAPÍTULO 6
HUMILHAÇÃO E RESISTÊNCIA

Em um ensolarado Memorial Day, em 2020, uma analista financeira de 40 anos chamada Amy Cooper levou seu *cocker spaniel*, Henry, para uma caminhada no Central Park, em Nova Iorque. Ela soltou o cachorro numa área selvagem do parque conhecida como Ramble. Reserva natural, o Ramble é popular entre observadores de pássaros. E quando um deles pediu a Amy Cooper que colocasse a coleira no cachorro, ela se recusou. Isso causou um incidente racial que logo se espalhou pela internet.

O observador de pássaros era um homem de 57 anos chamado Christian Cooper (sem parentesco com a analista). Ele jamais se encaixaria no estereótipo de um homem ameaçador, usando binóculos em volta do pescoço e levando nas mãos um guia de pássaros. Tinha voz suave e enfatizava o "por favor" quando pedia a Amy Cooper que não soltasse Henry. Mas, apesar dessa conduta gentil e qualificações que incluíam formação em Harvard e participação no conselho da New York City Audubon Society, Christian Cooper tinha uma característica ameaçadora: ele era negro. Amy Cooper diz que se sentiu insegura e chamou a polícia. O homem sacou o telefone do bolso e filmou enquanto ela, de forma mentirosa, relatava que um homem afro-americano a havia atacado.

Mais tarde naquele dia, Christian Cooper postou o vídeo no Facebook, junto com sua recordação do diálogo que ocorreu antes de Amy Cooper chamar a polícia. Nesse relato, ele se referia a ela como "Karen".

O meme Karen, então com quase dois anos de existência, refere-se a mulheres brancas que exercitam seu privilégio e poder sobre pessoas negras ao recorrer às autoridades, quer seja um gerente de loja ou a polícia. Em 2018, uma assim chamada Karen de Oakland, Califórnia, foi gravada alertando a polícia sobre o que ela acreditava ser um churrasco ilegal feito por uma família negra num parque. Ela ficou conhecida como "BBQ Becky". Em junho de 2020, nos subúrbios progressistas de Montclair, Nova Jérsei, uma mulher chamada Susan Schulz ligou para o 911 e relatou que seus vizinhos negros estavam construindo um terraço sem permissão. Ela ficou conhecida como "Karen da permissão".

Ser considerada uma Karen, e ter seu momento de privilégio branco espalhado na internet, significa passar por constrangimento intenso e abrangente. Poucas horas depois que Susan Schulz ligou para a polícia, dezenas de vizinhos e ativistas em Montclair já protestavam do lado de fora da casa dela, entoando e segurando placas com os dizeres AQUI, NÃO!, BLACK LIVES MATTER (Vidas Negras Importam) e PRIVILÉGIO BRANCO É VIOLÊNCIA.

Amy Cooper, a do cachorro no Central Park, enfrentou uma onda de constrangimento muito maior nas redes sociais e na TV. Ela publicou um contrito pedido de desculpas. Mas era tarde demais. No dia seguinte, a empresa na qual trabalhava, Franklin Templeton, a demitiu de imediato. "Não toleramos racismo de qualquer tipo na Franklin Templeton", a empresa postou no Twitter. Ter ligações com uma Karen, ao que parece, pode manchar a reputação de toda uma empresa.

Esse é um novo sabor de vergonha. Apenas há poucos anos, uma mulher branca relatando à polícia um suposto homem negro ameaçador poderia não sofrer nenhum rechaço sequer. Na verdade, ela poderia ter tido a compreensão dos policiais, e até mesmo recebido agradecimentos por alertá-los de um problema em potencial.

Dentro de seu grupo de colegas, a sugestão de que ela era racista poderia ter parecido bizarra. Racista era seu tio, que soltou aquela palavra que começa com N no jantar do feriado de Ação de Graças, ou, então, o policial de Minneapolis, Derek Chauvin, que pressionou com o joelho o pescoço de George Floyd, sufocando-o — no mesmíssimo dia do incidente no Central Park, por acaso. Essas pessoas eram racistas. Mas, no passado, alguém denunciando um homem ameaçador era visto como um bom sujeito. Hoje, porém, graças às mudanças de critério, esse mesmo comportamento transforma o denunciante em um monstro, com vergonha apontada em sua direção, vinda do mundo todo.

Os mecanismos em rede da vergonha atiçam esses conflitos e aceleram sua propagação. Com a comunicação instantânea de hoje, as pessoas têm menos tempo para acompanhar os novos padrões e ajustar suas crenças e comportamentos. Isso produz uma infelicidade intensa, além de fricção social. Como é de se esperar, a vergonha alimenta tal desconforto. Ela é a força que impulsiona as pessoas a se adaptarem às expectativas da sociedade.

Historicamente, mudanças como essas aconteceram de modo gradual. Durante boa parte do século XX, por exemplo, era comum em muitos ambientes de trabalho tirar sarro de pessoas *gays* e evitá-las. A homofobia era convencional. Contudo, conforme mais pessoas se assumiam, sendo filhos, filhas e colegas, mais e mais comunidades passaram a torcer o nariz para a homofobia. Não era mais tolerada. Era odiosa. O critério havia mudado. Em muitos círculos, era a homofobia que havia se tornado vergonhosa, não a homossexualidade. Essa evolução estendeu-se por toda a economia, com indústrias como a da moda e a do entretenimento abrindo o caminho, e pouco a pouco se espalhando para o *mainstream*.

Para aqueles que não se adaptaram às novas normas, essas mudanças podem ser chocantes. Uma resposta natural para a onda viral de constrangimento é a raiva e a indignação. É aqui que as pessoas entram no segundo estágio da vergonha, a negação.

Uma marca desse estágio é a dissonância cognitiva. Não sou uma pessoa ruim, a Karen da permissão pode pensar. E mesmo assim há pessoas enraivecidas na frente da minha porta. Não sou racista, mas a minha comunidade insiste que sim. Preciso desmentir isso.

A dissonância cognitiva — a manutenção de duas ideias que parecem contradizer uma à outra — pode causar grande estresse emocional e levar a raciocínios tortuosos. O termo foi criado nos anos 1950 por um psicólogo social da Universidade de Minnesota, Leon Festinger, e dois colegas. Eles estudaram uma seita que estava convencida de que uma grande inundação iria submergir a humanidade no dia 21 de dezembro de 1954. A líder da seita, Dorothy Martin, natural de Chicago, assegurou a seus seguidores que alienígenas viriam resgatá-los em discos voadores antes que as águas subissem alto demais. Os *aliens*, é claro, nunca chegaram. Tampouco a inundação.

Os psicólogos descobriram que os membros das franjas da seita não tiveram dificuldades em ajustar suas convicções. Eles não estavam profundamente comprometidos com a profecia, e sim foram tolos em acreditar nela. Eles evitavam a dissonância cognitiva ao abrir mão de crenças que comprovavam ser falsas. Aqueles que haviam garantido a amigos e familiares que o fim estava próximo devem ter sofrido ridicularização e constrangimento.

Os membros mais comprometidos da seita, entretanto, tomaram outro caminho. Eles criaram um cenário no qual suas ideias contraditórias podiam coexistir. Sim, a inundação viria, insistiam. E os *aliens* estavam prontos para levá-los. Mas foi a ação firme da comunidade e a força da crença de seus membros que haviam salvado a humanidade do fim catastrófico. A seita não murchou, como muitos esperariam; em vez disso, cresceu.

Um dilema semelhante é enfrentado por pessoas como as Karens, que se veem como vítimas de normas que mudam rapidamente. Sua escolha é de ajustar-se à nova ordem, adotando novas terminologias e comportamentos, ou, ao contrário, questionando a premissa do ataque. Um rumo comum é o de depreciar a pessoa que constrange e rejeitar seu veredito, ou até mesmo criar uma realidade alternativa na qual possa sentir-se melhor.

Veremos isso várias vezes conforme exploramos as crenças e restrições em rápida mudança dos nossos tempos. As regras mudam. Como as Karens podem atestar, vídeos vívidos e compartilháveis sobre como as pessoas se comportam podem alcançar um júri implacável de milhões dentro de uma ou duas horas. Esse processo é turbinado pelas plataformas de redes sociais, que são os mais fecundos e extraordinários mecanismos de vergonha já concebidos. Os juízos que transmitem provocam um conjunto de reações: dor, fúria, negação e, por vezes, uma busca frenética por aceitação e coletividade. E isso dá luz a grupos dissidentes e seitas que rejeitam as opiniões dominantes ou convencionais, preferindo a isso montar as suas próprias narrativas, muitas vezes inventando seus próprios fatos, como que por mágica.

Apesar de seus algoritmos otimizadores, no entanto, as plataformas precisam de ajuda para fabricar vergonha. É aí que nós entramos. Centenas de milhões de nós convocamos a indignação e as críticas necessárias, muitas vezes nos convencendo de que essas microdoses de vergonha levam o mundo em direção à justiça e igualdade. Afinal, é para isso que serve a vergonha, certo? A ideia sempre foi ferir os discrepantes, guiando-os de volta aos valores comuns e comportamento aceitável. Não é certo que uma mulher branca chame a polícia para resolver uma disputa com um vizinho negro, e ela deve ser punida.

Mas lembre-se dos palhaços de Pueblo. Eles estavam usando a comédia e a vergonha para dar lições aos membros de sua comunidade, pessoas que iriam acompanhar e com as quais se importavam. Compare isso com as postagens vingativas em redes sociais denunciando Susan Schulz, vulgo Karen da permissão. Uma progressista no Twitter, a usuária MizFlagPin, afirma em seu perfil que "Juntos defendemos a Verdade, a Justiça e o Modo Americano". Contudo, em resposta ao vídeo do desentendimento de Schulz com seus vizinhos, MizFlagPin postou que o caso da mulher, com base num único vídeo, estava encerrado: "Ela já foi identificada. Os vizinhos que ela hostilizou são advogados. Os jovens do bairro protestaram em frente à casa dela. Os vizinhos apoiaram os advogados. Espetem um garfo nela. Ela já era". Parecia que o objetivo dela era banir Schulz da comunidade, e não a ajudar a se adaptar às novas diretrizes. Até onde sei, MizFlagPin e outros que denunciaram Susan Schulz nas redes sociais podem ser pessoas dedicadas ao avanço da causa da justiça racial. Entretanto muito do tráfego acerca desses incidentes, é seguro dizer, é performático. As pessoas estão sinalizando virtude e valores compartilhados para seus amigos e seguidores, e construindo sua marca individual, com o intuito de ganhar mais seguidores e sentirem-se justos e íntegros. Isso não faz muito além de gerar tráfego ininterrupto e aumentar os lucros das plataformas de mídias sociais.

    Uma consequência dessa otimização sem fim das redes de vergonha é o rápido crescimento da chamada cultura do cancelamento. Alimentando-se de *tweets*, vídeos no YouTube e *posts* no Instagram, é como uma enorme assembleia de aldeia que julga as pessoas por seu comportamento, quer seja em forma de palavras, quer seja por atitudes. As Karens são alvos proeminentes, ou vítimas. E poder-se-ia dizer com facilidade que os ataques a elas servem a uma função social. Talvez neste exato momento uma pessoa branca esteja discutindo com um vizinho negro. Lembrando-se de um recente escândalo amplamente divulgado envolvendo uma Karen, ele ou ela está resistindo à tentação de chamar a polícia. Nesse sentido, o constrangimento em massa pode impulsionar a sociedade a trilhar um caminho mais saudável.

Ao mesmo tempo, uma chuva de constrangimento em rede sobre um indivíduo suscita questões básicas sobre crime e castigo. Alguma mulher merece carregar uma letra escarlate pelo resto da vida apenas porque agiu de forma insensata numa tarde de verão? Ela deveria perder o emprego? Essas são questões essenciais de justiça. Mas também são centrais à estratégia, porque a vergonha usada como arma nesses linchamentos virtuais podem despertar contramovimentos furiosos. Seus excessos também fornecem defesas convenientes à pessoas poderosas sob ataque, que podem então se posicionar como vítimas de uma elite hipersensitiva. No começo de 2021, quando diversas mulheres acusaram o governador democrata de Nova Iorque, Andrew Cuomo, de abuso sexual, ele prometeu não renunciar, já que isso seria "curvar-se à cultura do cancelamento". E, com isso, conseguiu evitar a pressão ao menos por alguns meses. Quando um relatório contundente da procuradora-geral de Nova Iorque, Letitia James, deixou claro que as acusações eram sérias, muito além de quaisquer fabricações da cultura do cancelamento, Cuomo renunciou, embora ainda se recusasse a admitir que havia feito algo errado.

Conservadores, entretanto, cada vez mais citam os casos mais flagrantes, alguns reais, outros fictícios, para demonizar a esquerda como uma horda punitiva de polícia do pensamento, apenas a um ou dois passos dos supervisores implacáveis da Revolução Cultural de Mao Tsé--Tung. Ao mesmo tempo, eles próprios cancelam pessoas, com entusiasmo. Por exemplo, fizeram expulsar da Liga Nacional o jogador de futebol americano Colin Kaepernick, do San Francisco 49ers, depois de, em 2016, ele liderar um movimento pacífico de protesto contra a brutalidade policial dirigida à pessoas negras.

Cancelar pessoas no sentido moderno é semelhante ao ostracismo religioso: recusar-se a falar ou até mesmo a olhar para um ex-amigo ou vizinho que abandonou a fé. Pode vir com a melhor das intenções — banir o racismo da nossa sociedade, respeitar as mulheres, ou defender o direito das pessoas de afirmarem sua identidade de gênero. De muitas formas, porém, o processo pode se assemelhar a uma investigação criminal com colaboração pública. Detetives amadores vasculham registros de postagens em redes sociais — ou treinam *softwares* para fazer o trabalho. E se encontrarem evidências de mau comportamento, quer seja em palavras, quer seja em atos, podem mobilizar um exército de seguidores para atacar os malfeitores, e com o tempo fazer com que sejam demitidos ou destituídos, estigmatizando-os por toda a vida.

Se você olhar para a cultura do cancelamento pela perspectiva da psicóloga Donna Hicks, é algo repleto de violações de dignidade. Não há busca por diálogo e entendimento, e não se fornece uma audiência para o acusado. Em vez disso, se exige um pedido de desculpas humilhante, que via de regra traz pouco alívio à pessoa visada. Amplificado pelos algoritmos otimizadores dos gigantes da internet, esse processo impõe regras, muitas vezes punindo pessoas por um único delito e negando-lhes o devido direito à defesa. Hicks, em contrapartida, encoraja as pessoas a dar às outras o benefício da dúvida.

A outra razão para controlar nosso impulso de constranger é que, em geral, avalanches de *tweets* virtuosos não tocam nas questões estruturais. Pessoas que sentem uma pontada de culpa ao se mudar da cidade para um bairro residencial afastado branco e rico, por suas boas escolas, podem se sentir enobrecidas ao postar no Instagram um vídeo de uma Karen pega no ato, embalado com uma crítica mordaz. Embora possa ser satisfatório, isso estabelece um padrão muito baixo para se conseguir uma reputação antirracista. É bem mais difícil — mas necessário — dessegregar escolas, abrir zoneamentos e expandir oportunidades econômicas. Concentrar-se nos episódios com Karens "deixa as pessoas brancas numa posição confortável", escreveu Christian Cooper, o observador de pássaros do Central Park, num artigo do *Washington Post*. "Elas podem pedir a cabeça dela enquanto deixam de examinar seus próprios preconceitos."

Ceder à fúria *on-line* também pode desencadear o que é conhecido como "fragilidade branca". Nessa condição, pessoas brancas sentem-se tão ofendidas pela sugestão de terem qualquer responsabilidade sobre o racismo a ponto de se verem como vítimas prejudicadas. Em vez de confrontarem sua vergonha, sua dissonância cognitiva força-lhes a reprimir questionamentos quiçá dolorosos acerca do racismo. No lugar, fazem uma simples pergunta: eu sou uma pessoa boa? Uma resposta afirmativa fornece um grau de paz emocional, mas uma paz frágil devido a todas aquelas perguntas sem respostas sobre raça e às dúvidas que elas suscitam.

Vimos isso ocorrer na revolta antirracista de meados de 2020. Protestos amplamente pacíficos irromperam em grande parte do país, alguns deles prejudicados por vandalismo exercido por uma pequena minoria. Defensores da polícia, incluindo o então presidente, puseram a violência em foco, acusando os manifestantes de terrorismo e crimes de ódio, chamando o Exército para reprimi-los. Isso era o governo e seus apoiadores em negação, o segundo estágio da vergonha. Deleitavam-se numa narrativa alternativa que minimizava tanto a força destrutiva do racismo quanto o papel deles em sustentá-lo. Isso segue um padrão que tem marcado as relações raciais nos Estados Unidos desde 1619, quando os primeiros africanos escravizados desembarcaram. Os opressores sentem vergonha, alguns em maior medida que outros. Assim, acham muito mais confortável negar os abusos de direitos humanos dos quais estão se beneficiando e se unir em torno de mitos. No século XIX, por exemplo, a ciência falsa da frenologia — que correlacionava competências humanas com o formato e contornos do crânio — impulsionava a agenda de supremacistas brancos. Argumentos frágeis semelhantes disfarçados de ciência fizeram mudar de foco, um século depois, do crânio para o genoma.

Muitos daqueles que ainda veneram a bandeira dos confederados se refugiam em versões falsas e autoengrandecedoras da história. Se a escravidão foi um crime contra a humanidade, então o papel que os estados do Sul exerceram foi moralmente depravado, e isso é inimaginável. Esse grupo tinha boas razões para inventar histórias mais bonitas, a fim de reprimir sua dissonância cognitiva.

Muito da ficção relacionada à escravatura foi escrita em livros, doutrinando gerações inteiras com a mitologia da Causa Perdida do Sul. Ainda na década de 1970, textos escolares em muitos estados não apenas evitam mencionar a brutalidade da escravidão, mas enfatizavam as supostas relações afetuosas nas plantações. Escrevendo no *Washington Post*, Bennett Minton, da Virgínia, revisitou um texto didático de sua turma de sétima série: *Virgínia: História, Governo e Geografia*. O capítulo "Como os Negros Viviam sob a Escravidão" declarava: "Um sentimento de grande afeição existia entre senhores e escravos na maioria dos lares da Virgínia".

A tentativa de embranquecimento continuava: "Alguns dos servos negros deixaram as plantações porque ouviram que o presidente Lincoln iria libertá-los. Mas a maioria deles ficou e seguiu com seu trabalho. Alguns arriscaram suas vidas para proteger os brancos que amavam". Ícones dos confederados também eram louvados: "O General Lee era um homem belo, com semblante bondoso e forte. Ele sentava-se ereto e de modo firme em sua cela. Viajante [seu cavalo] andava orgulhoso, como se soubesse que carregava um grande general".

Essa narrativa interesseira tem sido, felizmente, contestada nos últimos tempos. À medida que a nação voltava sua atenção para a injustiça racial, ativistas derrubavam estátuas dos ícones confederados. A reputação outrora excepcional de general Lee foi atingida. Um crescente número de pessoas não mais o tinha como um nobre herói de uma mítica Causa Perdida, mas como um traidor que travou uma guerra contra os Estados Unidos para manter milhões de escravizados. E a bandeira confederada, por muito tempo um emblema de orgulho regional, passou a ser vista cada vez mais como um símbolo mobilizador de ódio racial que alimentou injustiças e violência inominável por um século e meio, incluindo milhares de linchamentos pela Ku Klux Klan. Conforme as normas mudavam, a bandeira confederada assumia seu lugar como parente estadunidense da suástica nazista. Até mesmo Mississippi removeu a imagem de sua bandeira estadual.

Essa nova norma constrange milhões de americanos que leem esses textos didáticos e ainda se agarram àquela falsa, mas reconfortante, versão da história. A maioria deles não se considera racista, muito menos traidores dos Estados Unidos.

Estão firmes, presos à raiva e à negação. Isso dá oportunidades infinitas para políticos que incitam o ódio racial e que apelam para ressentimentos em comum. Esses novos princípios *"woke"* sobre raça são equivocados, dizem aos eleitores. Você é bom. Seus mitos são verdadeiros. As pessoas que constrangem você é que são más. Isso alimenta a afirmação absurda, e extremamente consoladora para muitos, de que as pessoas brancas são vítimas do racismo, e não praticantes dele. Tal abordagem contorna o necessário trabalho árduo, a tão premente reflexão e diálogo sobre raça, o ajuste de contas. Em vez disso, se torna uma rota simples e fácil para o ódio puro. A única chance para a paz racial e o progresso nessa frente, diz Eddie S. Glaude Jr., professor de Estudos Afro-Americanos em Princeton, é "convencer as pessoas brancas a (...) aceitar uma história que pode libertá-las de serem brancas".

A extensão da vergonha branca é muito ampla. De um lado, milhões de brancos se juntaram aos protestos contra brutalidade policial e injustiça racial. Eles estão encarando os fatos e buscando solidariedade com cidadãos de todas as cores. Deixaram para trás o estágio da negação da vergonha e migraram para o da aceitação, até mesmo o da transcendência.

Na outra ponta do espectro, temos nacionalistas brancos afundando cada vez mais fundo em sua narrativa artificial, que os envolve em um casulo de negação. Olhando do ponto de vista deles, pode parecer que parte do país está se voltando contra eles enquanto homens brancos. Durante os meses das marchas do Black Lives Matter, em meados de 2020, até mesmo os titãs do Dow 30, de empresas aéreas a gigantes farmacêuticas correram para produzir peças de TV denunciando o racismo sistêmico. Desde então, no entanto, a batalha acerca de um ajuste de contas racial entre pessoas brancas continua incluindo uma lei proposta no Tennesse para tornar ilegal falar no ambiente escolar sobre racismo sistêmico.

Essa popularização da questão tornou ainda mais difícil para os negacionistas evitá-la. O processo de abandonar histórias cômodas e familiares é desconfortável, como deve ser. É assim que nós, enquanto sociedade, arrastamos pessoas resistentes em direção a uma verdade desagradável. É uma transição difícil. Então, por que se preocupar com isso se você pode escapar, com o clique de um *mouse* ou do controle remoto, para narrativas que absolvem você de toda a vergonha?

Tenho uma memória formativa do primeiro ano do Ensino Médio, quando suponho que comecei a pensar sobre o estágio de negação da vergonha branca (apesar de não se chamar assim na época). Meu professor de História descrevia o Destino Manifesto, a visão condutora do século XIX, que sustentava que europeus brancos protestantes iriam colonizar todo o continente, do Atlântico ao Pacífico, e exercer sua dominação. No final do século XX, eu e meus colegas podíamos ver que se tratava de apropriação de uma terra nua, além de justificativa para o genocídio dos nativos norte-americanos.

Era uma história de criação, mas olhando para o futuro em vez do passado. Ela fornecia justificativa divina para o assassinato de outros seres humanos por sua propriedade. Fez os colonos brancos se sentirem melhor sobre si próprios, lavando boa parte da vergonha pelos estupros e pilhagens. Só que nem sempre funcionou. As pessoas têm consciência. Hollywood, de acordo com o filósofo francês René Girard, criou uma fórmula para absolver os colonos brancos de genocídio. Por décadas, ele escreve, filmes enquadraram o drama em torno da sobrevivência: o índio deve morrer para salvar toda a nação (branca). Nesses casos, escreve Girard, "o uso de bodes expiatórios deve permanecer inconsciente, para que a operação de transferir pecados da comunidade para a vítima pareça vir do além, sem a participação real dos brancos".

Como muitos outros, eu oscilei entre sentir vergonha como beneficiária branca desses crimes e mantê-los afastados a uma distância segura, meio caminho entre prestar atenção e desconsiderar. Era deveras incômodo. Então encontrei refúgio de tais sentimentos na Matemática. A Matemática era apenas números; suas ideias pareciam livres de vergonha.

<☠/>

A vergonha branca provoca ansiedade, em especial entre progressistas. Às vezes, isso pode ficar feio, como aconteceu há pouco tempo no Upper West Side de Nova Iorque. Essa é uma faixa privilegiada de Manhattan, estendendo-se ao norte do centro de artes em volta do Lincoln Center até a Columbia University e o Barnard College, a alguns quarteirões de onde eu morava. As pessoas ali se orgulham de sua aceitação da diversidade e igualdade. Muitas delas tremem diante da ideia de viver em uma parte mais conservadora do país, como o Texas. Com frequência associam os milhões de habitantes de tais lugares com racismo e intolerância.

Quando a crise da covid-19 explodiu em Nova Iorque, em março de 2020, esse bairro se tornou um surpreendente laboratório da vergonha. O drama começou quando o prefeito enviou várias centenas de sem-teto para um hotel de luxo, o Lucerne. A ideia era mantê-los seguros e distantes da sociedade durante a crise de saúde. O edifício histórico, erguido em 1914, havia recém-passado por uma renovação multimilionária. Era convenientemente localizado para os ricos em um bairro nobre, entre a estação de metrô da Rua Setenta e Nove, na Broadway, e o Central Park.

Para milhares de moradores locais, seus novos vizinhos no Lucerne eram o tipo errado de pessoa e, mais que isso, eram indesejáveis. Num grupo de Facebook do bairro, alguns locais fantasiavam sobre um movimento armado para expulsar os recém-chegados, a quem se referiam como "ralé" e "marginais". Eles reclamavam sobre os sem-teto defecarem nas ruas e insinuavam que estavam infectando o bairro com o vírus. Um homem sugeriu que "tivéssemos milícias 24 por dia atirando nesses imbecis".

Uma mulher de 60 anos postando no grupo parecia se enquadrar no estereótipo de progressista defensora-dos-oprimidos do Upper West Side. (Para evitar constrangê-la, irei chamá-la de Roberta.) Ela atuava no conselho da Community in Crisis, uma organização sem fins lucrativos de Nova Jérsei que combate a epidemia dos opioides e se dedica a reduzir o tabu em torno dos vícios. Como ela escreveu num *post* de arrecadação de fundos no Facebook, a organização trabalha para remover o estigma e tratar pessoas com vícios apenas como seres humanos dignos lidando com um sério problema de saúde. Já na página do Upper West Side no Facebook, onde os vizinhos discutiam como manter os sem-teto afastados, ela escreveu: "Esqueça *spray* de pimenta ou gás lacrimogêneo. Usem inseticida e mirem nos olhos".

Mais tarde, quando contactada por um repórter do Gothamist, Roberta esclareceu que o inseticida deveria ser usado apenas para autodefesa. Ela afirmou que "definitivamente sou do movimento Black Lives Matter" e que o racismo sistêmico era um problema real, mas que a decisão de deslocar os sem-teto para o bairro era um erro.

Agora, vamos abrir caminho pelos vários sabores de vergonha produzidos por esse único caso. Primeiro, para Roberta, aquela ligação do Gothamist deve ter entregado uma dose repentina e dolorosa de vergonha. Afinal, punir os pobres e oprimidos não faz o estilo dela. Ao contrário da maioria de nós, ela é uma ativista da ajuda aos drogaditos.

Que choque desagradável deve ter sido atender o telefone um dia e ouvir um repórter perguntar — para ser publicado! — por que ela havia recomendado disparar inseticida nos olhos de pessoas pobres, em grande parte negros e pardos. Durante uma pandemia apavorante, eles tiveram um único golpe de sorte, mudando das ruas e abrigos para um hotel seguro e confortável. Ela não apenas queria vê-los expulsos, como também parecia preparada para machucá-los, incitando seus amigos de Facebook a seguirem o seu exemplo. Isso a fez parecer uma pessoa cruel, e uma racista — desconfortavelmente próxima de uma "Karen". É por isso que Roberta se apressou em dizer que apoiava o Black Lives Matter.

Ela passou a detalhar as razões por trás da sugestão do *spray* de inseticida. Ela estava direcionando o conselho a seus pares, vizinhos de bairro, apenas no caso de eles serem abordados por um dos sem-teto e precisarem se proteger.

Em seu próprio relato sobre suas razões, ela afirmou que o problema não era que esses recém-chegados fossem pobres e sem-teto, muito menos de uma ou outra raça. Mas o comportamento deles, disse, é que era indecente e assustador. Eram eles que estavam importunando as pessoas e sujando as calçadas. Assim, eram eles a parte culpada. Ela e os demais no grupo de Facebook eram as vítimas.

Os problemas que ela citou eram reais. Alguns dos recém-chegados haviam usado a calçada como banheiro, e os moradores não gostaram daquilo. Porém, é bem provável que tais dificuldades foram causadas por apenas um punhado das pessoas hospedadas no hotel. Talvez elas estivessem lidando com vícios ou questões de saúde mental e precisavam de ajuda, não de um *spray* de inseticida. Ademais, a maioria dos outros novos hóspedes do hotel estavam simplesmente vivendo suas vidas, alguns trabalhando como zeladores, *couriers* ou guardas-noturnos por um salário mínimo, e gratos por poder voltar para seu próprio lugar seguro ao fim do dia. Todavia o raivoso grupo de Facebook tratou todo o bando como uma presença suja, perigosa e indesejada. Ao fazê-lo, constrangeram os sem-teto e atacaram os mais fracos.

    A vergonha não parou aí. Ao descrever esses moradores e sua página no Facebook, e citar dois ou três de seus comentários mais horríveis, estou participando desse drama, junto do repórter do Gothamist. Nós os estamos expondo como racistas, ou pelo menos como pessoas envolvidas em comportamento racista. Ser chamado de racista no Upper West Side é risco de estigma duradouro.

    Você poderia dizer, aliás, que estou atacando o mais fraco — a Roberta —, já que estou aqui escrevendo sobre os erros dela outra vez e publicando para um público internacional. Ela já foi constrangida pessoalmente. Ao pressioná-la aqui, neste livro — uma empreitada comercial —, você poderia argumentar que estou alimentando e lucrando a partir da máquina da vergonha.

    Mas faço na esperança de que todos possamos aprender com isso: conforme traçamos o caminho da vida, é provável que a maioria de nós vá constranger ou apontar o dedo para alguém, muitas vezes sem perceber. E se somos chamados a responder pela dor causada, com frequência reagimos com perplexidade e sofremos dissonância cognitiva. Pensamos ser bons, enquanto o mundo nos diz o contrário. Meus antigos vizinhos do Upper West Side poderiam muito bem ter acreditado que estavam mirando nos poderosos (o prefeito), enquanto na verdade estavam atacando os mais fracos, alguns deles de forma brutal, os mais desafortunados nova-iorquinos.

Muita dessa perplexidade vem de desejos ou esperança ilusória. Na esteira dos protestos massivos de 2020 contra a brutalidade policial, por exemplo, diversas placas em gramados brotaram em grandes cidades nos Estados Unidos, bem como em seus subúrbios próximos. A maioria jurava lealdade ao Black Lives Matter. Outras listavam um catecismo progressista, declarando apoio a imigrantes, à ciência, ao feminismo, à comunidade LGBTQIA+ e por aí vai.

Muitas das pessoas que empunharam essas placas e cartazes sem dúvida sentiram ter "passado" no teste do racismo. Elas nunca usaram linguagem imprópria. Votaram em candidatos comprometidos com a igualdade de direitos. Muitas saíram às ruas e marcharam depois do homicídio de George Floyd pela polícia em Minneapolis.

Dadas essas credenciais pós-raciais, parecia seguro supor que haviam superado o racismo bruto e superado a vitimização performática da fragilidade branca. Tendo reconhecido os problemas raciais dos Estado Unidos, esses progressistas urbanitas pareciam ter alcançado o estágio da aceitação. E poder-se-ia dizer que, ao saírem para protestar, alguns avançaram além, transcenderam. Eles estavam enfrentando as estruturas que mantinham a desigualdade racial. Moralmente, pareciam estar em solo firme.

Mas a maioria dos progressistas que saíram às ruas não convivem com pessoas sem-teto vagando em seus bairros, algumas delas fazendo-os de banheiro. Eles não foram testados como Roberta. Muitos deles também se mudam para distritos de escolas públicas de ponta, ou colocam seus filhos em escolas particulares, porque as escolas municipais não são tão boas, decerto não o bastante para suas famílias. Eles participam de conselhos de zoneamento para evitar que conjuntos habitacionais acessíveis sejam abertos em seus bairros. Alguns, sob o pretexto de defender a igualdade educacional, pressionam para preservar a segregação de fato das escolas. Mesmo assim, veem a si próprios como iluminados na questão de raça.

Não são apenas eles, é claro. Somos todos nós. Tendemos a pegar leve com nós mesmos, porque confrontar nossas fraquezas é trabalho duro. Muitos de nós têm boas intenções. E muitas vezes isso parece ser o bastante. No entanto, quando surgem os testes reais, ficamos aquém dos nossos próprios padrões. Se olharmos para nossas vidas — cada relacionamento, cada encontro — através das lentes da vergonha, podemos começar a reconhecer comentários casuais e até mesmo piadas como transmissores de vergonha. Cada um de nós está participando, recebendo-os e servindo-os de muitas formas diferentes. Uma vez que abrirmos nossos olhos, os veremos em todo lugar. É fazer um comentário ácido ao estagiário, ou ensinar um avô, com desprezo pouco disfarçado, a usar o controle remoto da TV. É dizer à criança de 12 anos para parar de comer tanta sobremesa. É retuitar uma *review* sarcástica. A vergonha não é sempre ruim ou desnecessária, mas é crucial estar ciente dela, sobretudo quando acontece nas ultravelozes redes de vergonha.

Em cada dimensão da vergonha, quer o problema seja a obesidade, a pobreza, o vício, o racismo, ou a luta para alcançar algo, cada um de nós é confrontado com escolhas. Muitos tomam posições numa área, de fato trabalhando nela, enquanto relaxam totalmente em outra. Numa mesma tarde, alguém pode enfrentar policiais numa marcha por justiça racial e então fazer uma pausa para enviar uma enxurrada de *tweets* venenosos atacando os mais fracos. Quando se trata de vergonha, podemos ser ao mesmo tempo gentis e impiedosos, lutando contra um estigma enquanto defendemos outro.

<☻/>

Parece simples quando dizemos: Seja gentil. Não espalhe veneno. Dê às pessoas o benefício da dúvida. O problema é que nós, humanos, tendemos a nos enganar, às vezes subestimando nosso próprio arbítrio ou nos vendo como vítimas, quando na verdade não somos.

Bret Stephens, colunista conservador do *The New York Times*, serve de exemplo pungente desse tipo de ilusão. Stephens desfruta da influência que outros escritores e pensadores políticos sonham ter. Ele pode escrever sobre o que quiser em uma área nobre da grande mídia — a página de artigos de opinião do jornal mais influente do mundo. Se ele aponta suas armas editoriais para alguém, a pessoa vai sentir.

Em abril de 2019, foi relatado que o *The New York Times*, em sua sede de cinquenta e dois andares projetada por Renzo Piano, em Manhattan, enfrentava uma infestação de percevejos. "Os percevejos são uma metáfora. Os percevejos são Bret Stephens", postou no Twitter David Karpf, professor de comunicação da George Washington University, o que depois chamaria de "uma piada sem graça".

No equilíbrio de poder da mídia, o professor havia lançado um ataque solitário sobre um tradicional e imponente navio de guerra com o equivalente a um estilingue. Os *tweets* de Karpf alcançaram apenas um punhado de seguidores no Twitter, e sua piada sobre percevejos, como a maioria dos tuítes, passou em grande medida despercebida, sem curtidas ou compartilhamentos. Parecia destinada ao esquecimento.

Apesar disso, alguém a mostrou a Stephens, e o *post* o atingiu em cheio. O colunista se sentiu vitimado. Não importou a ele que a piada não houvesse chegado a quase ninguém.

Stephens partiu para a ofensiva. Ele de imediato enviou um *e-mail* a Karpf, fazendo questão de copiar o diretor da universidade. Foi um tiro de advertência, levantando a possibilidade de que o emprego do professor estivesse em risco. No *e-mail*, Stephens acusava Karpf de incivilidade e insultos grosseiros. Ele o desafiou a vir até a sua casa, onde ele poderia chamar o colunista de percevejo na frente da esposa e dos filhos. De uma posição superior, o colunista estava constrangendo o professor por ter feito uma piada sobre ele. Na MSNBC, Stephens chamou o tuíte de Karpf de "desumanizante e totalmente inaceitável". Isso é dizer que um obscuro *tweet* de um quase desconhecido professor tinha a incrível capacidade de reduzir a humanidade do colunista. Foi um delírio em grande escala.

Muitos dias depois, Stephens detalhou sua dor em uma coluna que alcançou milhões de leitores. Sem nomear Karpf ou mencionar o *tweet*, ele relacionou tudo usando uma narrativa de Segunda Guerra Mundial, com participação de uma ex-sociedade civil caindo em ódio, violência, autoritarismo e, por fim, genocídio. "A mentalidade política dos nazistas", escreveu Stephens, "que transformou seres humanos em categorias, classes e raças, também os transformou em roedores, insetos e lixo". O *tweet* de Karpf, apesar de curto, era um exemplo de uma tendência nociva, que poderia levar o país ao desastre.

Stephens, para ser justa, levantou alguns bons pontos. É verdade, como vimos, que as mídias sociais empoderam pelotões *on-line* que podem fustigar pessoas inocentes, constrangê--las e estimular ódio e animosidade. Stephens, no entanto, estava se posicionando não apenas como defensor da liberdade das outras pessoas, mas também como vítima. Ignorando seu próprio poder e privilégios, ele se convenceu de que atacava os poderosos, no caso, as forças da intolerância, quando na verdade atacava o mais fraco, um professor. Conforme depois escreveu Karpf, "ele, na verdade, precisa aprender a não abusar de seu *status* para ameaçar usuários aleatórios do Twitter".

Além disso, Stephens entendeu mal a dinâmica das plataformas, incluindo a mágica exponencial da transmissão *on-line*. Quando Karpf recebeu o *e-mail* de Stephens, ele logo fez um *tweet* a respeito. Como descreveu em seu próprio artigo:

"Alguém clicou e a história se tornou imediatamente viral. A piada original teve zero *retweets* e nove curtidas. Ele agora tem 4.700 *retweets* e 31.200 curtidas. Passei os últimos dois dias no centro da controvérsia da mídia viral, em vez de observar com interesse do lado de fora."

Stephens havia equipado seu próprio navio de guerra de mídia com um estilingue. Ele tinha tentado constranger o professor, e a vergonha se voltou toda contra ele próprio. Karpf passaria a ensinar sobre o encontro em suas aulas, disse ele, como um estudo de caso do chamado Efeito Streisand: quando figuras de autoridade tentam reprimir conteúdo *on-line*, mas, em vez disso, chamam a atenção para tal conteúdo. Isso acontece com frequência previsível. Aqueles no topo protegem seus próprios interesses e constrangem seus antagonistas, sob o pretexto de defender o bem maior.

Em julho de 2020, conforme os protestos contra abusos policiais aumentavam ao redor do mundo e o novo coronavírus varria o globo, um grupo de 151 autores, artistas e intelectuais prepararam o que viam como uma defesa escrita da liberdade de expressão. Eles a publicaram na *Harper's Magazine*, a referência do liberalismo nos últimos 170 anos. "A inclusão democrática que desejamos só pode ser atingida se nos contrapormos ao clima de intolerância que se estabeleceu de todos os lados", escreveram. Eles citaram uma "moda por constrangimento público e ostracismo, e a tendência de se dissolver questões complexas de política numa certeza moral ofuscante". Os editores, lamentavam-se, eram demitidos por publicarem textos controversos. Acadêmicos eram investigados por citar certas obras de literatura em sala de aula. Esse grupo de notáveis das letras e das artes defendia o discurso livre, mesmo quando o que estava sendo dito era doloroso ou falso. Devemos lidar com essas questões, argumentam, no fluxo livre do debate público, não mediante proibições, punições ou decretos.

Como Bret Stephens, eles levantaram bons pontos. Contudo, como ele, ignoraram tanto as dinâmicas de poder em jogo quanto a direção dos ataques. Tratava-se de alguns dos mais privilegiados atores da indústria da escrita — jornalismo, literatura, cinema e televisão. Como Stephens, possuíam plataformas invejáveis. E, como ele, alegavam estar lançando sua campanha em defesa de um público amplo.

Seus próprios interesses, porém, apareciam em primeiro plano. Eram pensadores influentes que tinham alcance amplo para promover suas marcas em programas de TV, *podcasts* e entrevistas de rádio. As vozes se levantando contra eles, expondo suas deficiências ou preconceitos, tornavam-se um grande incômodo. Precisavam lidar com elas.

Tome de exemplo J.K. Rowling, uma das signatárias. Um ano antes, ela havia se envolvido numa discussão feia sobre gênero, especificamente sobre aceitar mulheres trans como mulheres. Essas de fato são questões sobre as quais as pessoas precisam conversar. Essa conversa, por infortúnio, se deu no Twitter, e uma parte desproporcional da atenção da humanidade foi voltada para as teorias de uma mulher sobre um assunto que nada tinha a ver com a fonte de sua fama: ter escrito Harry Potter. Uma tempestade de *tweets* raivosos e de constrangimento vieram em sua direção (muitos dos quais, sem dúvida, de pessoas fazendo pose para seus seguidores e amigos).

Odiei todo o drama. Não seria o mundo um lugar mais feliz, pensei eu, se não tivéssemos de saber o que J.K. Rowling pensa sobre mulheres trans? No entanto, ela havia revelado sua opinião nessa praça pública digital. E agora ela se sentia perseguida, vitimada, e com certeza abraçou a chance de assinar a carta da *Harper's*. Tire essas pessoas furiosas e críticas da minha frente (e do meu *feed* do Twitter)!

Os críticos dela, porém, viam tudo de uma perspectiva diferente: Rowling e seus colegas bem-sucedidos os constrangiam. A carta acusava as massas indignadas não apenas de intolerância, mas de pensamento raso, e de dividir um mundo complexo em dicotomias simples de bom e mau. Também os acusava de *bullying* e de criar condições ideais para a ascensão de demagogos perigosos. Não era exatamente uma avaliação elogiosa. Na verdade, o *establishment* literário agredia os mais fracos, e com força.

Da perspectiva das vítimas, Rowling havia criado uma das franquias literárias mais monumentais da história do planeta. Os livros de Harry Potter, mais filmes e parafernália, haviam-na transformado na mais rara das combinações, uma autora bilionária. Ela tinha o que qualquer escritor almeja, um público sedento por suas palavras. Então, quando ela decidiu apresentar seu desconforto em torno de gênero num fórum aberto, as pessoas transgênero e apoiadores deveriam aceitar calados a opinião dela? Por que não responderiam?

Os autores tentaram, em vão, posicionar a carta da *Harper's* como uma defesa sonora dos marginalizados. Eles argumentaram que "a restrição do debate (...) invariavelmente prejudica aqueles que carecem de poder e torna todos menos capazes de participação democrática".

Mas, apesar desse floreio retórico, a carta tomou posição contra os peixes pequenos, e não em seu benefício. A mensagem, afinal, era que muitos dos considerados desfavorecidos estavam levantando a voz, ao que tudo indicava, de modo reducionista e censurador. Mais de mil deles tiraram um tempo para comentar na cobertura do *The New York Times* sobre o tema. Um, assinando como DMP, da Pensilvânia, perguntava:

"Deixe-me esclarecer:
Um monte de gente rica defendendo liberdade de expressão está agora ofendida quando outros estão usando sua própria LIBERDADE DE EXPRESSÃO para criticá-los?
Quem está tentando silenciar quem?"

Os interesses próprios dos autores, camuflados em grande parte da carta, transparecem perto do fim, quando demandam proteção de quaisquer torrentes de constrangimento que suas palavras pudessem provocar. "Como escritores", explicam, "precisamos de uma cultura que nos deixe espaço para experimentação, correr riscos e até mesmo cometer erros".

<:skull:/>

Sim, devemos todos ser livres para cometer erros. George Wallace, do Alabama, cometeu sua cota. Conforme ascendeu ao poder, foi cruel em demasia. Em sua posse como governador do Estado, em 1963, mesmo ano em que Martin Luther King Jr. fez seu discurso "Eu Tenho um Sonho", Wallace teve a abordagem oposta:

"Em nome das extraordinárias pessoas que já pisaram nesta terra, traço uma linha no chão, lanço o desafio diante da tirania e digo, segregação hoje, segregação amanhã e segregação para sempre."

O racismo era o *métier* de Wallace. Impulsionou sua ascensão ao poder, tanto no Alabama quanto em suas campanhas nacionais para a presidência. Nas eleições presidenciais de 1968, Wallace venceu cinco estados do sul profundo, apesar de Richard Nixon ter vencido a eleição (nenhum candidato de terceiro partido desde então conquistou um único estado). Wallace ousava dizer em voz alta as coisas terríveis que muitos de seus cidadãos brancos contemporâneos pensavam. Era essa sua conexão.

Durante esse tempo, a vergonha não parecia ser um problema para George Wallace, ao menos aos olhos do público. Talvez ele acreditasse naquilo que dizia, que as políticas de segregação eram decretadas por Deus e necessárias para a defesa e bem-estar do "seu povo". Ou talvez o racismo fosse politicamente útil.

Em todo caso, algo dramático ocorreu na primavera de 1972. Wallace estava em Maryland fazendo campanha pela nomeação do Partido Democrata para presidente quando um assassino em potencial chamado Arthur Bremer atirou nele. A princípio, Bremer havia planejado matar o presidente Nixon, porém decidiu que Wallace seria um alvo muito mais fácil. Bremer atirou em Wallace quatro vezes à queima-roupa, mas não conseguiu matá-lo. Uma das balas se alojou na coluna vertebral do governador, paralisando-o da cintura para baixo.

Enquanto Wallace se recuperava no hospital, recebeu uma visita inesperada: Shirley Chisholm, a primeira mulher negra eleita para o Congresso, e também a primeira a concorrer numa primária presidencial. Chisholm havia suspendido sua campanha depois da tentativa de assassinato. E, apesar das objeções de sua equipe, foi vê-lo.

Concentrado no cálculo político, Wallace perguntou a Chisholm como o povo dela responderia à visita incomum. "Sei o que vão dizer, mas eu gostaria que o que aconteceu com você não acontecesse com mais ninguém", disse ela, de acordo com a filha de Wallace, que adicionou: "Papai ficou impressionado com a verdade e a disposição dela de encarar as potenciais consequências negativas em sua carreira política por causa dele — algo que ele nunca havia feito para nenhuma outra pessoa".

Talvez Wallace tenha sentido um tiquinho de vergonha. Quiçá seu encontro com a morte o levou a repensar suas prioridades pelo tempo que ainda tinha na Terra. Em todo caso, ele passou por uma metamorfose moral. Num domingo de 1979, Wallace apareceu, inesperadamente, na Igreja Batista Dexter Avenue King Memorial em Montgomery, Alabama. A igreja era central ao movimento dos direitos civis, e quatro anos antes havia sido considerada Monumento Histórico Nacional por seu papel na história dos Estados Unidos.

Exceto pelo auxiliar que empurrou sua cadeira de rodas para a parte da frente do templo, Wallace estava sozinho. "Aprendi sobre o que significa sofrimento de um jeito que era impossível", disse à congregação. "Acho que consigo entender algo da dor que pessoas negras passaram a sofrer. Sei que contribuí para essa dor e posso tão só pedir perdão a vocês."

Dois anos depois, Wallace concorreu outra vez ao governo, desta vez numa plataforma política de unidade racial. Ele venceu, recebendo 90% dos votos dos afro-americanos. Vendo esse número, você pode suspeitar que pedir desculpas foi cálculo político da parte dele. Contudo isso não é incomum ou sequer problemático. Quando decidimos encarar nossa vergonha, quer seja um vício em drogas ou uma infidelidade conjugal, nós sempre analisamos os custos e benefícios.

O que tenho a ganhar com isso? O que poderei perder? Embora seja verdade que ser honesto e confrontar questões traga uma recompensa imensa e muitas vezes transformadora, também pode machucar. A maioria das pessoas irá escolher evitar a dor e a compensação, mas ambas vão entrar na equação.

Independentemente de suas motivações, Wallace fez a escolha certa. Ele se deixou vulnerável ao julgamento de suas vítimas. Isso representava muito a elas. Era um passo corajoso que todos podemos aprender: Cometi um erro. Me arrependi. Peço perdão.

CAPÍTULO 7
REJEIÇÃO E NEGAÇÃO

Na hierarquia do *status*, a única força que consegue competir com o dinheiro é o sexo. Ele está ligado à sobrevivência e preservação da espécie e pode ser vivido em nossas almas e corpos animais com um profundo sentimento. Com frequência, é visto como um jogo, em que os vencedores têm amantes belos, atraentes ou ricos. Os perdedores dormem sozinhos.

A virgindade, para muitos, é uma maldição; o celibato, uma desgraça. Assim, uma rejeição sexual, ou muitas dessas rejeições, pode rapidamente se tornar uma rejeição de si mesmo. A aposta é alta.

Celibatários, como qualquer pessoa constrangida, encaram uma escolha. Podem sentir-se péssimos acerca de sua solidão e sofrer no isolamento e na autorrepulsa. Ou podem tentar aceitar sua condição, talvez temporária, e se abrir, quem sabe conversando com outras pessoas sobre como resolvê-la ou, ao menos, lidar com a infelicidade e a frustração. Isso é difícil, porque superar a vergonha envolve confrontá-la. No melhor dos casos, isso levaria a encontrar alguém por quem se apaixonar, ou, no mínimo, participar da vida social que pode levar a tanto.

Outra escolha, entretanto, é virar todo o drama de cabeça para baixo e criar uma razão para se ter orgulho do celibato. No caso dos *incels*, ou celibatários involuntários, a rejeição que sofrem se torna um grito de guerra de descontentes comunidades *on-line*. Com frequência passando a maior parte do tempo em subgrupos no Reddit, os *incels* se alimentam de mitos e narrativas comuns, muitos deles falsos. E defendem sua identidade compartilhada com um arsenal de ciência infundada. O santo patrono de muitos deles é um homicida chamado Elliot Rodger.

Num dia de primavera, em 2014, Rodger, um estudante extremamente infeliz da Santa Barbara City College, postou um vídeo desesperador no YouTube. Numa diatribe de sete minutos proferida do banco do motorista de sua BMW preta, ele descrevia como se sentia maltratado pelas mulheres. "Durante os últimos oito anos da minha vida, desde que atingi a puberdade, fui forçado a enfrentar uma existência de solidão, rejeição e desejos não realizados", ele disse. "As garotas dão seu afeto, sexo e amor a outros homens, mas nunca para mim. Tenho 22 anos de idade e ainda sou virgem. (...) A faculdade é onde todo o mundo experimenta coisas, como sexo, diversão e prazer. Todas as garotas que tanto desejei me desprezaram e me rejeitaram como um homem inferior. (...) Tive que apodrecer na solidão."

Assim, Rodger jurou que iria entrar na "república feminina mais atraente" da Universidade da Califórnia, em Santa Bárbara, e "exterminar cada vagabunda loira mimada e metida que eu vir lá dentro". Ele provaria, disse, que era o "verdadeiro macho alfa".

No dia seguinte, Rodger saiu em sua onda homicida. Ele atirou e matou duas membras da república, esfaqueou e matou três jovens rapazes, incluindo dois de seus colegas de quarto, matou outro homem e feriu outras catorze pessoas enquanto dirigia pela pequena cidade de Isla Vista atirando da janela do carro. Então atirou em sua própria cabeça.

Rodger deixou um manuscrito de 140 páginas, "Meu Mundo Perverso", detalhando sua espiral deteriorante, da infância na Inglaterra à adolescência em Los Angeles, onde seu pai trabalhava na indústria cinematográfica. Conforme crescia, ele foi desenvolvendo uma raiva cada vez mais profunda em relação às mulheres, por recusarem seu amor, e a outros homens, por nascerem com qualidades que as atraíam.

Ao longo de todo o manuscrito, Rodger não escreveu o termo "*incel*" uma vez sequer. Mas com o vídeo, sua história de vida e, sobretudo, a violência, ele se tornou um ídolo para a comunidade *incel*. Quatro anos depois, um homem de Toronto chamado Alek Minassian louvou Rodger num *post* do Facebook e declarou: "A Rebelião Incel já teve início!". Minutos depois, ele avançou com seu carro por uma calçada movimentada, matando dez pessoas, a maioria mulheres. Nikolas Cruz, acusado em 2018 pelo massacre de dezessete estudantes do colégio Marjory Stoneman Douglas em Parkland, Flórida, havia anteriormente postado homenagens a Rodger. Como muitos outros, ele se referia a Rodger como o "Cavalheiro Supremo". Ao final de 2019, a polícia atribuiu ao menos quarenta e sete assassinatos na América do Norte a pessoas inspiradas pelos grupos interconectados de *incels*. O número segue crescendo.

O movimento *incel* remonta ao início da internet pública, nos anos 1990. Começou com um único *website*, há muito inexistente, e depois fez raízes em *blogs* e em especial em subgrupos do Reddit. É impossível imaginar grupos assim existindo em qualquer outro lugar que não a internet: onde mais se poderia encontrar muitos outros homens rejeitados e descontentes — a vasta maioria brancos — dispostos a gastar horas reclamando por não conseguir transar? Homens irados criando laços em torno do ódio em comum não é nenhuma novidade, mas a escala e unidade de propósito dos *incels* é um fenômeno possibilitado pela internet. O que os *incels* têm em comum é a vergonha de serem indesejados, não amados e rejeitados. Do ponto de vista deles, todas as pessoas estão numa escala de desejabilidade, porém eles estão presos no nível mais baixo. Elliot Rodger, em suas memórias, se lembra de sair numa noite em Isla Vista em sua busca infrutífera por amor:

"Numa dessas noites, cruzei com um menino que andava com duas lindas garotas. Fiquei com tanta inveja que xinguei eles e, então, os segui por alguns minutos. Eles apenas riram de mim, e uma das meninas beijou o garoto na boca. Acho que era a sua namorada. Foi uma das piores experiências de tortura que passei com garotas e me lembrar de que garotas pensam que sou desprezível em comparação com outros garotos sempre será uma cicatriz em minha memória. Corri para casa com lágrimas escorrendo pelas minhas bochechas, torcendo para que meus horríveis companheiros de casa não estivessem lá para testemunhar a minha vergonha."

A resposta *incel* para essa vergonha é amplificá-la e celebrá-la — uma espécie de negação. Sua vergonha mútua os une. E sua franqueza acerca dela os coloca no mesmo barco, o que fornece um grau de conforto. Nesse sentido, seus fóruns no Reddit são como programas de reabilitação, ou reuniões dos Alcoólicos Anônimos, em que as pessoas descarregam seus segredos vergonhosos. Mas há diferenças cruciais. Enquanto pacientes em sessões de reabilitação em grupo estão tentando superar seus problemas, os *incels* glorificam o estado deplorável em que se encontram. E ao contrário da maioria dos grupos de reabilitação, nos quais os membros se sentam juntos numa única sala ou sessão de Zoom, os *incels* se encontram e evangelizam em redes globais de vergonha. É lá que seus sonhos e esperanças se degeneram.

"É como uma competição", diz Bradley Hinds, jornalista da Califórnia que tem seguido essas comunidades *on-line*. "Uma pessoa diz que sua vida está péssima, que mora num porão e não toma banho há duas semanas, e outra pessoa vai dizer que também está imundo e então completar com 'a última vez que falei com uma garota, ela cuspiu na minha cara'."

Os fóruns de *incels* são incubadoras de desespero, o que gera violência esporádica, tanto assassinatos quanto suicídios. E o vínculo que eles têm em comum tem um apelo significativo a uma parcela considerável da população. Afinal, muitas pessoas acham difícil o jogo da sedução. Os grupos *incels* oferecem companheirismo e uma sensação de poder, junto de uma estrutura para explicar por que o mundo parece ser monstruosamente injusto para eles.

Esses grupos representam uma espécie diferente de mecanismo da vergonha. Eles atraem pessoas que sofrem de vergonha e as permite mudar de uma posição defensiva para o modo de ataque. Apenas um punhado de homens transforma a misoginia e ódio galopantes em violência física fatal; a vasta maioria trava suas batalhas com palavras. Em grande parte, sentem-se sozinhos, diz Hinds, e passam quase todo o tempo na "machosfera", um complexo descentralizado de plataformas de jogos, sites e salas de *chat*. Em postagens, desentranham as pessoas aparentemente contentes e sexualmente satisfeitas, as vencedoras da sociedade. Desumanizam as mulheres, por vezes se referindo a elas como "femoides". É inegável que sua ideologia baseada em ressentimento está repleta de supremacia masculina e com frequência se desvia para a supremacia branca.

Como muitos mecanismos da vergonha, da indústria das dietas até a farmacêutica, a comunidade *incel* constrói seus argumentos sobre uma base de pseudociência, tentando validá-los com fragmentos de determinismo biológico e antropologia evolutiva. Muitas dessas ideias são acompanhadas de estatísticas, dando-lhes lustro científico. A fração 80/20, por exemplo, postula que 80% das mulheres dão atenção ao quintil mais desejável dos homens. A maioria das mulheres, dizem, pode fazer sexo sempre que sentir vontade. Isso dá a elas um poder imenso e abusivo sobre os homens, em especial sobre aqueles que não ganharam na loteria genética — a quem falta altura, tipo físico, linha do queixo e cor de pele (branca) que se supõe que as mulheres exigem.

Eles veem a competição por parceiras sexuais como fundamentalmente injusta. E adornam com métricas essa visão de mundo. Isso é comum a outros mecanismos da vergonha também. Os *incels* usam métricas no emparceiramento, classificando as pessoas numa escala. A minoria sortuda dos homens, ou um ou dois por cento superior, é combinada com as mulheres do topo, as "10" no linguajar misógino *incel*. (A elite masculina é formada pelos chamados "Chads", e as mulheres mais desejáveis, "Stacys". Esses poucos privilegiados são odiados no universo dos *incels*.) Os homens menos bem-sucedidos, assim como estudantes destinados à universidades de segunda linha, sondam por sobras menos sexualmente atraentes, ao passo em que uma classe ainda mais baixa — perdedores abjetos da loteria genética — está condenada a uma vida sem amor de celibato.

Seus números têm pouca relação com a realidade. Por exemplo, a minoria dos *incels* não é tão pequena, ou solitária. O número de celibatários nos Estados Unidos é alto e crescente. De acordo com uma pesquisa de 2018 do *Washington Post*, 28% dos homens e 18% das mulheres entre os 18 e 30 anos de idade não haviam tido relações sexuais no ano anterior. Ambas as porcentagens mais do que dobraram desde 2008. E esses números sem dúvida cresceram durante a pandemia. Por um motivo ou outro, menos jovens estão fazendo sexo. Contudo, apenas uma fração deles escolhe ancorar sua identidade ao celibato involuntário e acolher a desesperança.

Essa desesperança, por mais estranho que pareça, pode servir como um bálsamo. Se você estiver convencido de que seu caso não tem salvação, de que por causa de seus genes nenhuma mulher jamais irá amá-lo ou aceitá-lo, então você pode largar mão de todas as melhorias pessoais, das dietas, das visitas à academia, ao dermatologista. Esqueça tudo isso! Apesar do que se ouve por aí, o sucesso não é uma escolha. Aceitar esse destino desolador é conhecido como *blackpilling*, ou "tomar a pílula preta". Se colocarmos a fé religiosa de lado e trocá-la pela desesperança, o *blackpilling* é o equivalente *incel* aos votos de castidade dos monges. É o credo da ordem.

O *blackpilling* se reflete nas palavras que ecoam nos cantos da machosfera. Uma análise linguística de 49 mil postagens em *websites incels* entre 2007 e 2019 mostrou perigosos altos níveis de "toxicidade", muito da qual marcada por raiva, medo e tristeza. Os pesquisadores compararam a linguagem usada e os sentimentos expressos pelos *incels* com uma seleção aleatória de comunicações em outras salas de *chat* e descobriram que os *posts incels* tinham três vezes mais chances de encerrar conteúdo "explicitamente sexual, e altamente tóxico, ofensivo ou profano" — e, sem surpresas, com uma severa falta de alegria.

Para sustentar e defender seu bastião solitário, a comunidade busca por sumos sacerdotes. Uma estrela desse universo é Jordan Peterson. O psicólogo canadense comanda muitos seguidores de seus discursos, livros e vídeos no YouTube, ao contrariar, com ares acadêmicos, o politicamente correto e defender a primazia do homem. Ele argumenta que a ordem é masculina e que o caos é feminino, fato que indiscutível desde os primórdios da nossa espécie. Isso ajuda a explicar o motivo de os homens terem controlado o mundo, e por que deveriam.

Peterson não é, de modo algum, um *incel*, mas, como eles, acredita que o emparceiramento ocorre dentro de um mercado ranqueado, regido por oferta e demanda. Ele alega que mulheres são hipergâmicas, ou seja, tendem a formar casal com homens de *status* igual ou mais alto. "A escolha de parceiros é um problema difícil", diz ele em um *podcast* de 2018. "É assim que as mulheres o solucionam. Jogue os homens num ringue. Deixe-os competir no que quer que estejam competindo. Presuma que o homem vencedor é o melhor. Case-se com ele." A probabilidade de que esses vencedores terão "oportunidades adicionais de acasalamento é alta ao extremo".

Basicamente, em termos *incels*, os Chads pegam todas as Stacys. Ambas essas elites sortudas detêm uma abundância do chamado capital erótico, e desfrutam de oportunidades ilimitadas de sexo maravilhoso com os parceiros mais invejáveis. Isso deixa aqueles no fundo da hierarquia, os *incels*, sozinhos com seus *video games* e grupos *on-line*. Esse desequilíbrio doloroso é alimentado pela atual tecnologia da informação. Ela permite aos vencedores, tanto homens quanto mulheres, ir à caça em sites de relacionamento, avaliar pretendentes em mecanismos de buscas e redes sociais e anunciar suas vitórias com fotos no Facebook ou Instagram.

A dominância dessa elite sexual cria resultados pouco saudáveis e constrange aqueles cujo capital erótico é baixo, diz Peterson. Entretanto ele tem uma solução, que chama de "monogamia imposta". Cada macho alfa, nessa visão, teria de parar de dormir com todo mundo, deixar de monopolizar o estoque de fêmeas mais desejáveis e se contentar com uma só mulher. Isso, em teoria, liberaria mais mulheres para homens menos atraentes, talvez incluindo os *incels*.

Naturalmente, essa ideia faz despertar um fio de esperança para alguns. Mas aqui Peterson adverte que os *incels* podem estar dando o passo maior que a perna. Após sua argumentação sobre a monogamia imposta num artigo de 2018 no *The New York Times*, ele respondeu às críticas subsequentes: "A insinuação era de que eu queria pegar jovens mulheres atraentes e entregá-las à força, sob imposição estatal, a homens inúteis". O que ele quis dizer na verdade foi que as expectativas sociais sustentariam a monogamia. Em outras palavras, Chads mulherengos seriam constrangidos.

Essa linha de pensamento — regulamentação do mercado sexual — leva a todo o tipo de fantasia *incel*, tal como redistribuição de mulheres. De novo, acadêmicos contrariantes, como Robin Hanson, economista da George Mason University, dão uma força aos *incels*: sexo como benefício social. "É plausível argumentar que aqueles com bem menos acesso a sexo sofrem em grau semelhante às pessoas com baixa renda", escreveu em seu *blog*, "e podem de modo semelhante esperar ganhos ao se organizarem em torno dessa identidade, fazer *lobby* por redistribuição ao longo desse eixo e ao menos fazer violentas ameaças implícitas se suas exigências não forem cumpridas".

Depois de muitos usuários horrorizados no Twitter reclamarem de que isso soava como transformar o corpo feminino em mercadoria, Hanson voltou atrás — ainda que decidido a manter as mulheres no mercado. Talvez a redistribuição pudesse ser efetuada em dinheiro, ele escreveu, que então poderia ser usado para contratar prostitutas.

Caso esteja se perguntando sobre como as coisas chegaram a esse ponto, compartilho desse sentimento. Mas a vergonha é uma força imensamente poderosa, e para pessoas presas no estágio da negação, no qual sofrem de ininterrupta dissonância cognitiva, quase qualquer coisa que soe bem e amenize mágoas ganha ouvidos. Para uma comunidade como a dos *incels*, organizada em torno de vergonha sexual e vitimização em comum, tais teorias são como erva de gato. Elas parecem oferecer uma solução para o flagelo do celibato ao passo em que removem dele a culpa. E se as feministas e seus aliados politicamente corretos reclamarem, denunciando uma distribuição imparcial de oportunidades sexuais sob alegação de que transforma as mulheres em propriedade, bem, elas estarão apenas defendendo o deturpado *status quo*. Entre os *incels*, é dado que os corpos das mulheres são e sempre foram veículos de desejo e satisfação, e que ao longo dos séculos essas sedutoras dominaram a arte de explorar a inextinguível necessidade dos homens por elas.

Seguindo essa linha maluca de pensamento, homens poderosos que abusam de mulheres — agressores como Harvey Weinstein, notório produtor de Hollywood — são apenas vítimas das belas mulheres que os induzem a tal violência. E as mulheres, muitas das quais não tinham nem direito a voto ou a abrir contas bancárias até o século XX, surgem de algum modo como o lado privilegiado na equação de gênero.

Movimentos construídos sobre falsidades e negação tendem a ser frágeis. Os membros precisam uns dos outros. Os *incels* são mimados e apoiados pela machosfera, com seus jogos inofensivos e amizades virtuais. Mas não importa por quanto tempo e quão fiel seja sua permanência por lá, eles não conseguem esquecer que existe um mundo grande e movimentado do lado de fora, onde as pessoas seguem caminhos tradicionais, buscando relacionamentos e famílias. E a maioria dessas pessoas considera a ideologia *incel* ridícula, se é que alguma vez ouviram falar dela. Além disso, muitas delas não parecem prejudicadas apesar de seus queixos fracos, espinhas, problemas com peso, odor corporal, desemprego ou uma série de outras deficiências que os *incels* enxergam como algo que os desqualifica para a vida comum. Isso não pode ser mantido como um segredo deles. Os *incels* não estão hermeticamente isolados do resto do mundo.

Eles sabem que membros de sua trupe podem desertar a qualquer momento. Alguns, percebe-se, têm essa vontade. Cada vez mais, estão passando por cirurgias plásticas extremas na esperança de se tornar mais atraentes às mulheres — e se parecer mais com os Chads. Essas pessoas estão tendo sérias dúvidas sobre aceitar a desesperança, sobre o *blackpilling*. Querem se ver livres.

De vez em quando, um membro da comunidade *incel* tropeça em um jeito alternativo de ver as coisas. Pode ser que ele conheça uma menina legal depois da aula de Biologia, diz Bradley Hinds, e comece a conversar com ela. Então seus colegas *incels* ouvem um "puff" e ele some, desaparecendo das salas de *chat* e talvez de toda a machosfera. (Com muita frequência, os desaparecimentos são suicídios.)

Para os *incels* remanescentes, cada deserção sugere a possibilidade de uma realidade que pode funcionar melhor do que a existência sombria com a qual se acostumaram — esse incessante festival vergonhoso e repleto de mágoa, todo ele ocorrendo numa tela. Talvez toda a experiência *incel* não seja nada mais do que um desvio na vida, do tipo "adoramos estar acompanhados no fundo do poço". Será possível que a solidão deles não seja obra do destino — azar na loteria genética —, mas, em vez disso, uma escolha? Isso vai contra a tese fundamental da comunidade. Há uma razão pela qual chamam o celibato deles de "involuntário". Contudo, deve ocorrer a eles o pensamento de que talvez tenham o poder de iluminar seus dias escuros com amor, e de escapar do domínio *incel*.

Essa é a instabilidade inerente de seitas e grupos de crenças, da Cientologia ao Estado Islâmico. Desertores e pessoas nas franjas representam uma ameaça constante. Para os verdadeiros crentes, os mais investidos na seita, o delicado tecido de sua visão de mundo, com dissonância cognitiva e desgaste nas costuras, pode afastá-los das dúvidas e levá-los em direção a uma linha mais dura e à ortodoxia. Os mais ardentes conseguem fechar os olhos e tapar os ouvidos a verdades amplamente aceitas conforme constroem seu próprio catecismo, uma refutação ponto a ponto do modo de ver dos Chads e Stacys.

Como resultado, a vergonha profunda dos *incels*, e o desprezo que têm por costumes convencionais e o politicamente correto, pode colocá-los em harmonia com todos os tipos de aliados repulsivos. Alguns encontram causas em comum com supremacistas brancos. Uma ideologia que interessa a ambos os grupos é uma proposta conhecida como teoria da substituição. A ideia é que mulheres no mundo desenvolvido têm liberdade demais para buscar uma carreira e outros interesses. Elas podem demorar a ter filhos, ou até mesmo não os ter. Isso reduz o crescimento da população branca e prejudica a âncora demográfica do poder branco. O medo é o de que as pessoas que aparentam manter suas mulheres na linha — como muçulmanos e mexicanos — irão sobrepujar o mundo branco com bilhões de bebês mais escuros. Essa é uma parente próxima da misoginia paternalista expressada por Jordan Peterson. E a solução é semelhante, embora mais racial: encontrar modos de forçar mulheres brancas a terem mais filhos. Isso pode conduzi--las a parceiros sexuais que de outro modo não teriam escolhido — talvez expandindo as opções até o ponto de incluir os *incels*.

<☠/>

Passei algum tempo no Japão enquanto trabalhava neste livro. Com meu foco na vergonha, dei atenção especial a um grupo de adolescentes e jovens adultos chamado *hikikomori*. Totalizando centenas de milhares, esses jovens se retiraram da sociedade japonesa, refugiando-se em seus quartos na casa dos pais. Historicamente, embora a porcentagem de mulheres esteja crescendo conforme os pesquisadores apontam o olhar para donas de casa confinadas, a maioria dos *hikikomori* são homens.

A maior parte deles não estuda nem trabalha. Eles têm poucos amigos e, por definição, passaram ao menos seis meses em isolamento. Sekiguchi Hiroshi, psiquiatra que estudou os *hikikomori*, diz que eles "têm um profundo sentimento de vergonha por não poderem trabalhar como pessoas comuns. Eles se veem como inúteis e impróprios para a felicidade". São cheios de remorso, diz, por "terem traído as expectativas de seus pais".

As medidas extremas que alguns tomam para desaparecer são de partir o coração. Sekiguchi escreve que muitos mantêm as cortinas e janelas fechadas o tempo todo, e silenciam o som quando usam a TV ou computador. Falam de modo suave e entram lentamente na cozinha à noite para atacar a geladeira enquanto os outros membros da família estão dormindo. Alguns se privam de ar-condicionado e aquecedor, sufocando no verão e congelando no inverno, não apenas para evitar revelar sua presença ao fazer barulho, mas também "porque sentem que não merecem usar esses equipamentos".

Como os *incels*, os *hikikomori* sentem-se indignos, e por isso se afastam. Eles não têm ninguém para lhes dizer que suas vidas têm significado. A cada dia que ninguém bate à porta e ninguém faz uma ligação, pode parecer que o mundo todo está confirmando esse autojulgamento severo. Com exceção de membros da família preocupados, ninguém quer ficar com eles.

Em casos raros, isso levou indivíduos *hikikomori*, como os *incels*, à violência fatal. Em junho de 2020, um recluso de 23 anos de idade que morava nos arredores de Kobe admitiu ter matado três membros de sua família com uma balestra, e ferido mais outro.

Mas a vasta maioria deles se afunda em solidão. Isso é um ponto em comum com muitos outros grupos. A solidão é uma epidemia crescente no mundo industrializado, e o coronavírus a exacerbou, levando a uma alta de suicídios e overdoses. É típico da vergonha em muitas de suas manifestações, e é uma resposta natural. Quer seja vergonha atiçada por obesidade, pobreza, vício ou inadequação sexual, pessoas que se sentem vulneráveis a julgamentos alheios se protegem dos demais. Isso, como muitos tipos de vergonha, cria um ciclo de autorreforço. A vergonha leva à solidão, e os solitários são muito propensos a se punirem por terem poucos amigos. Então se sentem ainda piores — e mais distantes das pessoas que podem lhes dizer que são amados.

Naturalmente, a situação difícil dos *hikikomori* cria mercados para as indústrias da vergonha. Muitas delas agora fornecem serviços aos reclusos. As maiores oportunidades financeiras não vêm de vendas diretas aos *hikikomori*, mas a seus pais — muitos dos quais, desesperados por uma solução, são eles próprios vítimas de profunda vergonha. Numa cultura que estima o trabalho duro e o sucesso profissional, seus filhos se trancaram e desistiram. Um *hikikomori* escondido em seu quarto por dez anos pode estigmatizar toda uma família. Quando há visitas, os pais ficam de ouvidos bem abertos (boa parte deles, sem dúvida, esperando que o recluso atrás da porta não revele sua presença ao ligar a TV). Em alguns casos, a vergonha dos pais é tão grande que eles próprios também se tornam reclusos.

Consultores caros agora propõem resolver o problema dos pais ansiosos. São chamados de *hikidashiya*, ou "aqueles que trazem as pessoas para fora". Eles cobram dezenas de milhares de dólares para tirar os reclusos de seus quartos e integrá-los ao mundo do trabalho. Alguns conseguem persuadir os *hikikomori* a sair da toca. Outros arrombam a porta e os arrastam para fora, empurrando-os para dentro de uma van que os leva embora.

Uma denúncia à polícia de Tóquio em 2020 acusava um *hikidashiya* de remover um jovem rapaz de seu quarto à força, colocá-lo num hospital psiquiátrico por cinquenta dias e de lá transferi-lo a um dormitório fechado. Para isso, seus pais haviam pagado 65 mil dólares. Evocando as legiões de fraudes de clínicas de reabilitação, alguns dos *hikidashiya* tomam o dinheiro e o telefone dos *hikikomori*, impedindo-os de contactar suas famílias e os obrigando a fazer trabalho comunitário.

<☠/>

Conforme mergulhei nesses canais escuros de vergonha e isolamento, não pude evitar de me preocupar com meus três filhos. Sites na internet oferecem refúgio e comunidade. Eles prometem alívio das fases intensamente embaraçosas da puberdade, com suas inseguranças, frustrações sexuais e raiva eventual. Meus filhos estavam lidando com a masculinidade, que impõe seus próprios caminhos estreitos de comportamento aceitável. Não foram questões pelas quais passei, é claro. Mas sei que, se tivesse tido acesso a mundos *on-line* quando criança, é bem provável que eu teria me enfiado em algum tipo de seita emo macabra.

Conversei com outros pais sobre as situações difíceis nas quais nossos filhos poderiam se meter. Eles se preocupavam, disseram, quando as crianças soltavam trechos de extremismo de direita na mesa do jantar, por vezes de modo irônico e jocoso, ou defendiam discurso de ódio como liberdade de expressão. Com cautela, os garotos estavam cercando as ideias *incels*, mas ainda não haviam dado o mergulho.

Então um garoto o fez. Ele era agora um *incel* autodeclarado. Seu pai me contou que ele passava o tempo todo no quarto e jorrava ódio em direção à mãe e ao mundo externo. Durante surtos de raiva, o pai me contou que sua mulher havia tentado constranger o filho de modo a retirá-lo daquela comunidade tóxica. Ela lhe mostrou quão transtornado ele se encontrava, quão cruel havia se tornado e como era privilegiado demais para estar bancando a vítima. Era uma guerra aberta dentro de casa, e o pai não pensava que ia terminar tão cedo. Desesperado, pediu conselhos a mim.

Suspeitei que o filho deles buscava por comunidade e uma identidade que prometesse alívio da frustração sexual e exclusão. Esses comportamentos via de regra têm um pico após períodos de transição, tais como começar numa escola nova sem amigos. E com frequência passam. Mas constrangê-los sobre esse desvio arrisca impulsioná-los mais ainda nesse caminho. Além disso, é provável que o garoto conseguisse enxergar os absurdos que as pessoas publicavam nesses sites, mas aderia a eles por camaradagem. Ao estudar homens que saíram de grupos de ódio, o sociólogo Michael Kimmel dá ao menos um indício da dinâmica. A maioria deles, no fim das contas, não acreditava na ideologia do grupo do qual haviam saído. Muitos nunca tinham acreditado. Eles haviam aderido pelo senso de irmandade e pertencimento.

Nesses momentos vulneráveis, talvez o melhor que possamos fazer por nossas crianças seja oferecer outras opções, rotas diferentes para explorar, longe das redes da vergonha. Elas devem saber que podem cometer erros e experimentar com suas identidades. A coisa mais importante que podemos dar a elas é a confiança de que, quando emergirem, encontrarão amor e perdão.

// **PARTE 3**

VERGONHA
SAUDÁVEL

CAPÍTULO 8
O BEM COMUM

Eufóricos e extasiados, um pequeno grupo correu para dentro de uma loja da Target em Fort Lauderdale, Flórida, para um ato de desobediência civil. Era setembro de 2020, cerca de seis meses desde o início da pandemia da covid-19 nos Estados Unidos. Para ficar dentro das regras da loja, todos no grupo usavam máscaras faciais. Conforme formaram um círculo, gritando sem parar, sacaram os telefones e começaram a gravar vídeos. Então o protesto começou. Arrancando as máscaras, percorreram em massa pela loja exclamando: "Tirem suas máscaras! Somos americanos!".

Esse exuberante grupo de infratores cercava clientes que usavam máscaras e os encorajavam a tirá-las. Alguns se afastavam, tentando evitar o confronto (e os riscos sanitários). Outros submetiam-se à vergonha, e obedientemente as removiam. Cada um provocava júbilo nos manifestantes. Mais outro convertido à causa.

Ao longo da pandemia, a máscara se tornou um ponto central da vergonha. Os manifestantes naquela loja da Flórida performavam para seus amigos e seguidores em redes da vergonha. E, com essa *performance*, constrangiam clientes que usavam máscaras por se curvarem às autoridades, por serem ovelhas. Outros, por sua vez, constrangiam os demais pela negligência de não usar máscaras. Como refletiu Clarence Thomas, juiz da Suprema Corte, "há um certo grau de opróbrio se uma pessoa não usar máscara em certos ambientes".

As correntes contrastantes da vergonha ancoravam cada qual a um valor social central. Para os agitadores na Target, era a defesa da liberdade. Aqueles que seguiam os mandatos das autoridades — para esticar ao extremo o argumento dos antimáscara — enfraqueciam a autodeterminação pela qual milhares de soldados norte-americanos haviam lutado e morrido por séculos, sem mencionar a visão dos pais fundadores consagrada na Constituição.

Esse argumento, é claro, soava grotesco para pessoas morando em zonas de alto contágio. Durante o primeiro e devastador surto de covid-19, nós, em Nova Iorque, passamos noites em claro ouvindo sirenes de ambulância cortando a escuridão. Muitos haviam perdido amigos e parentes na pandemia, e milhares arriscavam suas vidas em hospitais e clínicas trabalhando freneticamente para salvar os demais. A missão mestra era, por um forte consenso, proteger a saúde da comunidade, em especial a dos mais vulneráveis. Para tanto, a maioria acatava o que os cientistas nos diziam com urgência crescente: máscaras faciais protegem as pessoas do vírus, incluindo trabalhadores explorados na linha de frente. Use-a! Da perspectiva do meu bairro, usar uma máscara era como parar num semáforo de trânsito. Era uma inconveniência que reduzia o risco de matarmos uns aos outros. Nossa responsabilidade uns com os outros superava a pequena infração à liberdade que as máscaras representavam. Reforçamos essa regra com a vergonha.

Um mês ou dois do início da pandemia, meu marido se arriscou na rua sem máscara. Ele tinha se esquecido de levar uma. Então manteve uma boa distância dos outros na calçada. Mas sentiu os olhares de constrangimento. Alguém até chegou a dizer algo indecente a ele. Ele voltou visivelmente irritado e aflito. Como eu já estava trabalhando neste livro, fiquei interessada sobre como a vergonha o havia afetado. O resultado foi decisivo. Daquele dia em diante, ele se assegurou de usar a máscara. Em uma comunidade de valores compartilhados, de uma reunião Pueblo no Novo México ao Upper West Side de Nova Iorque, não há força maior para colocar as pessoas na linha do que a vergonha.

Nas redes sociais, contudo, constranger os céticos do uso de máscara pode parecer um gesto presunçoso, como uma sinalização de virtude. Vi acontecer nos meus *feeds* de mídias sociais. As pessoas postavam, indignadas, fotos de universitários de férias brincando em praias e bares na Flórida, sem máscaras. "Estamos desesperados por um escape, e 'apontamento de dedo *indoor*' é um dos poucos *hobbies* ainda acessíveis a quem está se abrigando dentro de casa", escreveu Amanda Hess, colunista do *The New York Times*.

Esses repúdios fizeram os antimáscara responder com zombaria. Eles não compartilhavam das mesmas normas e pareciam imunes ao constrangimento. Eles tinham suas provocações amparadas pela Casa Branca de Trump e aliados, que politizaram a questão, associando o uso de máscara à covardia. Transformaram-na num meme xenófobo, citando o vírus "chinês". Uma usuária do Twitter, @soniapatriot, se pronunciou: "A forma que as ovelhas estão enlouquecidamente falando sobre as máscaras é como se fossem A CURA do vírus chinês!! Primeiro a China envia o vírus e aí compramos máscaras feitas na China. As ovelhas têm uma escolha. Fiquem em casa e usem a focinheira". O *tweet* foi depois deletado. Aos olhos dela, o uso de máscara era um sinal físico de submissão ao medo, à hipocondria e aos invasores estrangeiros.

Enquanto isso, dramas menores ocorriam por todo o país, em cafés de rua e jogos de *softball*. Robert Klitzman, professor de psiquiatria da Columbia University, descreveu o embaraço de ser a única pessoa numa festa a usar máscara: "Duas pessoas passaram por mim, a menos de um metro, sem máscara e bebendo cerveja. Pareceram um pouco desconfortáveis, como se culpadas pelo rosto descoberto, e senti como se pensassem que eu as julgava, ou não confiasse nelas totalmente, ou se estava apenas sendo antissocial".

Quando o vírus começou a tomar vidas em Mitchell, Dakota do Sul, o debate sobre a obrigatoriedade da máscara pareceu dividir a cidade ao meio. Numa reunião delicada, de acordo com o *Washington Post*, os contrários argumentavam que um conjunto de defesas pseudocientíficas manteria o vírus afastado. Variavam as dietas — de sardinhas selvagens e fígado de gado criado no pasto até kombucha cru. E uma mulher comparou o grupo dos antimáscara com os judeus sob Adolf Hitler. "O rosto descoberto é a nova estrela amarela da Alemanha nazista", disse. Essa fala foi adotada no ano seguinte por Marjorie Taylor Greene, apoiadora do QAnon e deputada republicana da Geórgia.

À medida que o vírus se espalhava, um ponto de vista combativo se tornava cada vez mais o refúgio dos politicamente doutrinados. Um deles, descobriu-se, era subalterno de Dr. Anthony Fauci, que liderava os esforços do governo no controle da pandemia. Bill Crews, agente de relações públicas do Instituto Nacional de Alergia e Doenças Infecciosas, estava *on-line* criticando severamente seus próprios colegas. Escrevendo sob um pseudônimo no site de Direita RedState, Crews fustigava as pessoas que exigiam uso de máscaras e fechamentos de estabelecimentos. "Se houvesse justiça, mandaríamos algumas dezenas desses fascistas para a forca e penduraríamos seus corpos com correntes até que se despedaçassem", ele escreveu em junho daquele ano. Isso, é claro, era loucura. E três meses depois, quando ele foi exposto e demitido, muitos dos seus apoiadores provavelmente já haviam passado a usar máscara, mesmo que de má vontade.

Não veríamos conflitos assim se a questão fosse levar guarda-chuvas em dias fechados ou usar chapéus para se proteger de câncer de pele. Mas as máscaras são diferentes. Ao contrário de guarda-chuvas ou chapéus, elas são importantes para proteger os outros, para evitar que um vírus mortal se espalhe dentro da comunidade. Nesse sentido, elas oferecem uma oportunidade perfeita para um constrangimento saudável.

No início, as máscaras sofreram obstáculos — políticos e científicos. A politização da questão retardou a aceitação do uso delas. Além disso, nos primeiros meses da pandemia nos Estados Unidos, a doença se concentrava em grandes cidades progressistas, como Nova Iorque e Seattle, em que mais pessoas usavam máscaras. Como milhares morreram nesses lugares, poder-se-ia dizer que elas não estavam funcionando tanto. Por aquele curto período, os antimáscara em locais rurais republicanos, de Oklahoma a Dakota do Norte, podiam celebrar sua liberdade facial. Não parecia que iriam pagar um preço por isso.

Os passos hesitantes da ciência também enfraqueceram a confiança nas máscaras. As orientações iniciais eram para evitá-las, porque poderiam induzir ao pânico. Além disso, o estoque reduzido de máscaras cirúrgicas era necessário aos médicos e enfermeiros que atendiam os pacientes com a doença. Os especialistas, liderados pelo Dr. Anthony Fauci, logo mudaram o tom. Mas o vaivém inicial abasteceu o recorrente chavão político de que os cientistas estavam tão desinformados quanto o resto de nós.

O que não era verdade, é claro. E se dermos um passo atrás e olharmos a evolução do uso de máscara durante a pandemia, ela fornece um estudo de caso tanto dos benefícios quanto das limitações de uma campanha saudável de constrangimento. Usar máscara era do interesse da sociedade, e não era difícil, ao contrário dos temas de ataque aos mais fracos que vimos nas duas primeiras partes deste livro. As pessoas não precisavam conseguir um bom emprego para cooperar, perder cinquenta quilos ou vencer um hábito de uso de drogas. Só o que precisavam fazer era colocar uma máscara quando fossem socializar (as prisões, onde os detentos muitas vezes não tinham máscaras mesmo que quisessem uma, eram uma exceção a essa simples escolha). No decurso da pandemia, se tornou cada vez mais claro que a transmissão da doença ocorria através de gotículas no ar, e a necessidade urgente de se usar máscaras cresceu. A fronteira entre os dois lados do conflito começou a mudar. Agora que se tratava de uma questão de autopreservação, um número maior de pessoas passou a aceitar uma versão da verdade que haviam anteriormente rejeitado. Até mesmo os governadores do Texas, Flórida e Geórgia, que haviam resistido às medidas de proteção por meses, relutantes, decretaram a obrigatoriedade do uso.

A controvérsia sobre usar ou não a máscara replicou à velocidade da luz o drama de décadas em torno do uso de cigarros. Durante a maior parte do século XX, os fumantes sentiam-se livres para se cercarem de fumaça tóxica, chamando aqueles que reclamavam de exagerados e preocupados. Constranger fumantes por conta de sua fumaça indireta funcionava apenas nos reduzidos círculos em que as pessoas prestavam atenção em novas pesquisas sobre os riscos do cigarro. Em 1998, quando a Califórnia proibiu o fumo em locais públicos, incluindo bares e restaurantes, os fumantes ameaçaram fazer boicotes e protestos e acusaram o governo de infringirem sua liberdade. Situação semelhante ocorreu cinco anos depois, quando o prefeito de Nova Iorque, Michael Bloomberg, seguiu o exemplo. Ainda assim, no final da década, fumar em bares não era apenas ilegal em grande parte do mundo, mas considerado desrespeitoso, até mesmo em antigos paraísos fumantes como Paris e Roma. Não foram apenas as novas leis que haviam mudado as regras, mas também um melhor entendimento do perigo.

A mesma dinâmica começou a enfraquecer os antimáscara. Embora a aceitação delas estivessè longe de ser universal — especialmente irritante para moradores urbanos em estados conservadores —, o avanço em apenas um ano era notável. Em meses, se tornou mais difícil para os antimáscara ignorar evidências que refutavam os seus "fatos". Pouco a pouco, fora dos insolentes grupos antimáscara, cobrir o nariz e a boca não mais parecia sinalização de virtude, do mesmo modo que parar num farol vermelho não é algo digno de aplausos. As pessoas apenas estavam sendo prudentes e sensatas.

Um problema com a vergonha, no entanto, é que ela tende a respingar em todos ao redor. Parte dela acabou atingindo os doentes. Foram eles, afinal, que haviam baixado a guarda. E a cada respiração colocavam todos em risco. Em um estudo de 2020 do Johns Hopkins, 42% dos norte-americanos concordaram que "pessoas que pegaram covid-19 haviam se comportado de modo irresponsável". Um resultado desse julgamento é que muitas vítimas da doença ficaram relutantes em pedir ajuda: se fecharam ou entraram em negação porque estavam envergonhadas. Isso era contraprodutivo, é claro, e não apenas para as vítimas. Também fazia aumentar o risco para todos os demais.

Constranger os afetados é apenas outra forma de ataque aos desfavorecidos. É ineficaz e injusto. Neste caso, muitas pessoas pobres e trabalhadoras, como caixas de supermercado ou recepcionistas de centros de atendimento de urgência, tiveram de se colocar em perigo para ganhar a vida. Quando ficaram doentes, eram vítimas no sentido mais verdadeiro. Constrangê-las por sua má sorte absolvia as pessoas no poder e jogava a culpa nos trabalhadores essenciais.

Embora o constrangimento ligado à covid-19 seja tóxico, eu diria que a vergonha que meu marido passou por andar sem máscara foi justificada e saudável. Usar a máscara é uma escolha. Constranger alguém por não a usar é uma tática viável, até mesmo necessária. Um vírus, nem é preciso dizer, é um risco que a sociedade tem o direito de policiar. Nesse sentido, a pandemia criou uma norma, e uma nova forma de vergonha evoluiu para reforçá-la.

Com toda certeza o sucesso dela não foi universal. Em nossa sociedade, diversa e polarizada, isso é quase impossível. Contudo, essa nova forma de vergonha saudável alcançou uma vitória em certa medida. Não foi totalmente agradável — pergunte ao meu marido. Mas foi legítima, e funcionou.

<☠/>

Na história das pandemias, a varíola foi muito mais mortal do que a covid-19. Foi particularmente brutal no século XVIII, matando em média 400 mil europeus por ano. Um setor da sociedade, no entanto, parecia estar sendo poupado. Em vilarejos e lares em que o vírus havia aniquilado famílias inteiras, as ordenhadoras de leite, por algum motivo, passavam incólumes.

Perto do fim daquele século, um médico britânico chamado Edward Jenner criou uma teoria para explicar essa resistência. Era sabido que pessoas que haviam sobrevivido a um episódio de varíola não a pegavam pela segunda vez. Em décadas anteriores, várias pessoas haviam buscado proteção ao arranhar a pele e se infectar com o que esperavam ser um caso leve de varíola. Benjamin Franklin, que perdeu um filho de 4 anos de idade para a doença em 1736, se lamentou pelo resto da vida por não ter infectado o garoto de modo preventivo. Essas inoculações, contudo, eram arriscadas, resultando em morte cerca de 2% das vezes. Talvez, pensou Jenner, a doença pruriginosa que as ordenhadoras contraíam do gado — varíola bovina — poderia fornecer uma proteção similar, sem o risco.

Num dia de primavera em 1796, Jenner conduziu um experimento. A varíola bovina, disseram-lhe, havia irrompido nas mãos e antebraços de uma ordenhadora local chamada Sarah Nelmes. Ele iria coletar o pus de sua pele e usá-lo para inocular uma cobaia humana. Então, veria se a cobaia havia se tornado imune à varíola.

Jenner selecionou um garoto de 8 anos de idade, James Phipps, o filho de seu jardineiro, para receber a primeira inoculação. Nos dias seguintes, o garoto sofreu sintomas leves, aparentemente de varíola bovina, mas Jenner ainda precisava verificar se sua terapia havia funcionado. Então deu ao menino o que seria uma dose mortal de varíola. O garoto sobreviveu. E, para ter certeza, o infectou mais vinte vezes com pus de varíola. As defesas do menino aguentaram. Foi esse experimento bem-sucedido que deu origem à primeira vacina (o nome deriva do latim, *vacca*).

A vacina de Jenner é um dos triunfos da ciência. Ela eliminou a doença mais mortal da humanidade. E esse sucesso criou o caminho para novas descobertas, contra a poliomielite, difteria, coqueluche, sarampo e muitas outras doenças. Com as vacinas, nós humanos descobrimos como *hackear* nosso próprio sistema imune para nos defender.

Nossos avanços, contudo, são guiados por escolhas morais, algumas das quais valorizando certas vidas mais do que outras. Isso alimenta o ceticismo em relação às vacinas, e muitas vezes a resistência. Um bom ponto de partida é a dinâmica entre Edward Jenner e o menino de oito anos James Phipps. O objetivo de Jenner, enquanto médico e cientista, era encontrar uma cura. Na visão dele, muitas vidas salvas valiam muito mais que uma vida posta em risco. Na escala social da Inglaterra do século XVIII, Jenner ocupava a casta de um mestre. Ele tinha servos, incluindo seu jardineiro sem-terra e seu filho. Isso dava a ele a autoridade, em nome da ciência, de colocar em risco a vida da criança.

Foi o interesse da sociedade, conforme expresso por uma pessoa numa posição de poder e conhecimento, que permitiu a Jenner passar por cima dos direitos de um indivíduo, em especial de um menino pobre.

Seria grotesco, é claro, comparar o impotente James Phipps a alguém de Los Angeles ou do Brooklyn atuais que resiste à vacinação contra a varíola ou a covid-19. Phipps recebeu doses letais de uma doença mortal sem garantias de que o palpite de Jenner daria resultados, enquanto as vacinas de hoje em dia passam por rodadas intensivas de testes, tanto de segurança quanto de eficácia, antes de obter aprovação da Food and Drug Administration do Departamento de Saúde dos Estado Unidos.

Ainda assim, o drama em torno das vacinas se resume, como sempre, às argumentações da elite científica, que invoca o bem maior. No processo, membros desse grupo muitas vezes constrangem os relutantes por sua ignorância. Os defensores das vacinas podem afirmar que os vários argumentos contra elas, incluindo um artigo de 1998 refutado e retratado que vinculava vacinas ao autismo infantil, são repletos de ciência falsa e teorias da conspiração. Isso é verdadeiro.

Também podem citar estatísticas que mostram que os perigos das vacinas são minúsculos, e que os riscos de os não vacinados contraírem essas doenças são muito maiores.

Ainda assim, um bom número de pessoas não confia nas vacinas. Isso se tornou uma questão divisória durante os anos 2010, quando comunidades desde os subúrbios luxuosos de Los Angeles até bairros hassídicos do Brooklyn se rebelaram contra as vacinas infantis obrigatórias. Quando o sarampo irrompeu em suas escolas, políticos, oficiais de saúde e âncoras de TV logo passaram a constrangê-los. Este crescente ceticismo era enormemente preocupante conforme a covid-19 se espalhava pelo mundo. O vírus estava fadado a proliferar e sofrer mutação dentro de populações não vacinadas.

Se olharmos para a crise como uma questão de saúde e sobrevivência da comunidade, a vacina contra o novo coronavírus parecia ser a oportunidade ideal de se aplicar a vergonha saudável. Tomar a vacina impedia as pessoas de morrer e era bom para a sociedade. As estatísticas mostravam que as vacinas funcionavam, e que os riscos eram ínfimos. Além disso, evitar a vacinação era uma forma de se aproveitar, deixando aos outros o trabalho de criar imunidade de rebanho. Aqueles que não se deram ao trabalho de se vacinar, poder-se-ia dizer, eram preguiçosos, egoístas e ignorantes. A justificação para o constrangimento não poderia ser mais clara.

Mas este é um caso no qual o constrangimento social acaba por ser contraprodutivo. A vergonha vinda de líderes políticos ou oficiais de saúde pode fazer com que as pessoas corram para a direção oposta. Pesquisas de opinião mostram que muitos afro-americanos, por exemplo, são céticos quanto às vacinas. Muitos deles conhecem muito bem os horrores infligidos à sua comunidade por autoridades médicas. O abominável experimento de Tuskegee, iniciado em 1932, conduziu testes humanos em homens negros, deixando centenas sem tratamento para sífilis mesmo que tivessem o diagnóstico. Em 1950, uma mulher afro-americana chamada Henrietta Lacks foi ao hospital com um caso avançado de câncer cervical. Sem seu conhecimento ou consentimento, os médicos colheram as células cancerígenas, que se reproduziam a um ritmo excepcional. Lacks morreu, mas suas células se tornaram uma linha padrão para a pesquisa oncológica até hoje. Foram até mesmo usadas na busca pela vacina da covid-19. Essas histórias, junto do racismo médico sistêmico vivenciado dia após dia por pessoas não brancas, alimentam uma relutância natural de se vacinar.

Judeus hassídicos em Nova Iorque também desconfiam das autoridades — quase todas elas pessoas de fora de sua comunidade. Campanhas de constrangimento vindas de cima apenas confirmam a suspeita comum entre os hassídicos de que as elites políticas e econômicas os desprezam. Na primavera de 2020, durante os dias iniciais da pandemia, dirigentes de Nova Iorque, incluindo o prefeito Bill de Blasio, constrangeram as comunidades hassídicas do Brooklyn por realizarem, sem máscaras, uma grande festa de casamento. A cidade impôs um *lockdown* rigoroso nas áreas das comunidades ultraortodoxas. Esse constrangimento alimentou uma forte resistência. Em diversos protestos, homens hassídicos revoltados queimaram suas máscaras.

Parte do problema vem da própria ciência. Graças a seu rigor, ela representa a melhor aposta da humanidade para se compreender o mundo, quer sejam evidências do aquecimento global ou tratamentos eficazes para herpes-zóster. Mas a comunicação da ciência tem sido malfeita por políticos, universidades, a mídia e os próprios cientistas. Ela tem sido glorificada como uma maravilha incontestável do progresso, uma produtora da verdade. Todavia, nas guerras culturais, os defensores da ciência muitas vezes podem parecer arrogantes. Eles descartam os céticos como ignorantes e os retratam como seguidores crédulos de teorias conspiratórias estúpidas.

Isso é constranger, e as pessoas percebem isso. Para muitos, a ciência agora representa apenas os valores da elite, que também se beneficia de turbinadas ações em bolsas de valores de tecnologia, indústria farmacêutica e financeiras. Do ponto de vista das prejudicadas classes baixas, a elite não apenas reclama para si a maior parte da riqueza, como também vê a si própria como árbitra da verdade. "Há um sentimento de antiautoridade no mundo", disse o Dr. Anthony Fauci no auge da pandemia da covid-19. "A ciência tem um ar de autoridade. Então as pessoas que querem rechaçar as autoridades tendem, ao mesmo tempo, a rechaçar a ciência."

Nem todos os céticos das vacinas são ignorantes, absolutamente. Um número alarmante de trabalhadores da saúde, por exemplo, resistiu a tomar a vacina da covid-19 em 2021, mesmo depois de cuidarem por meses de vítimas sofrendo nas alas de emergência. Um grupo de 117 empregados, por exemplo, processou o Houston Methodist Hospital em maio daquele ano pela obrigatoriedade da vacina para toda a equipe. Os autores da ação diziam que as vacinas eram terapia experimental. Isso estava longe de ser uma rejeição impensada da ciência. De acordo com Kristen Choi, enfermeira e professora assistente da Escola de Enfermagem da UCLA, alguns de seus colegas contestaram o ritmo frenético do desenvolvimento da vacina, suspeitando que atalhos haviam sido tomados. Outros testemunharam o que consideraram experimentos de má qualidade em suas próprias instituições. Isso alimentou o ceticismo. "Os enfermeiros não estão se negando porque não entendem as pesquisas", *tweetou* Choi. "Muitas vezes estão se negando PORQUE as entendem."

Para muitos, incluindo os enfermeiros que Choi conhece, a pressão pela vacina deve vir de pessoas nas quais confiam, e não de autoridades distantes. Quer sejam afro-americanos em Detroit, judeus hassídicos em Nova Iorque ou negadores da pandemia em um estúdio de *hot yoga* na Califórnia, é muito mais provável que os céticos tenham consideração por aqueles que os apoiam e amam — suas famílias, amigos, vizinhos e congregações.

Em uma igreja evangélica de Orlando, Flórida, por exemplo, no início de 2021, um reverendo chamado Gabriel Salguero encorajou sua congregação, em grande parte falante de espanhol, a se vacinar. "Ao se vacinar você está ajudando o seu vizinho", pregou. "Deus quer você inteiro para que você possa cuidar da sua comunidade. Assim, vejam as vacinas como parte do plano de Deus." Katie Jackson, pastora da Bethany United Church of Christ em Ephrata, Pensilvânia, disse aos adoradores que Deus havia dado "a tecnologia para nos protegermos". Devemos fazer uso dela, disse, "não apenas pelo nosso maior interesse próprio, mas para os demais".

Isso pode não parecer constrangimento, no entanto, ao enquadrar a vacinação como responsabilidade para com a comunidade e com Deus, esses pastores aplicavam uma leve dose de vergonha. A insinuação, afinal, era a de que aqueles que se recusassem a se vacinar davam as costas aos demais congregados e negavam os planos de Deus.

Mesmo nessa era das redes da vergonha e ataques aos mais fracos, a vergonha saudável pode ainda operar sua mágica, porém ela deve vir através de portas e janelas que estão abertas, e não trancadas. Amigos e companheiros sabem onde estão essas aberturas, e como transmitir a mensagem de modo mais eficiente. Muito melhor do que Bill Gates ou Dr. Fauci, eles podem entregar o tipo de vergonha gentil que sinaliza amor. Isso por si só pode nos dar um forte empurrão na direção certa.

CAPÍTULO 9
ATACANDO OS PODEROSOS

Por anos a população da Nigéria foi vítima de uma polícia corrupta. Um ramo especialmente maléfico, o Esquadrão Especial Antirroubo (SARS, na sigla em inglês), era notório pelas extorsões e brutalidade. Seus bloqueios de estradas serviam como armadilhas, e as pessoas que eles apanhavam enfrentavam um sem-fim de problemas. Alguns eram mandados para a cadeia sob alegações forjadas, onde eram submetidos a tratamento humilhante e tortura, segundo a Anistia Internacional. Os agentes do SARS ficavam à vontade para se apropriar de celulares, *laptops*, joias e até mesmo carros luxuosos das pessoas. E o pior, estupravam suas vítimas e realizavam execuções extrajudiciais.

Em suma, o esquadrão era uma praga social. E esse sórdido *status quo* era apoiado por autoridades do governo, que, sem dúvida, angariavam uma parte dos proventos. Os nigerianos estavam cansados disso, e, em 2017, uma campanha de constrangimento nas mídias sociais se espalhou pelo país. Constrangiam a polícia e o governo que a mantinha, chamando-os de assassinos, ladrões e bandidos. Essa campanha se expandiu desde a ampla costa de Lagos até a cidade desértica de Kano, ao norte. Embora a #EndSARS ("Fim ao SARS") tenha ganhado tração, o movimento não explodiu nas ruas até três anos depois. Em outubro de 2020, na sequência de novos relatos de torturas e assassinatos pelo SARS, os protestos tomaram proporção nacional e logo ampliaram o foco, indo da questão policial para questões mais amplas de justiça social. Graças às mídias sociais, passaram a reverberar por todo o mundo.

O movimento #EndSARS, como muitos outros, enfrentava o poder com a vergonha. A mensagem passada de modo constante, em *outdoors*, pintura corporal e *posts* no Twitter, era a de que os policiais agiam como animais. Isso estigmatizava toda a força policial. Essa abordagem faz sentido, porque os oprimidos têm poucas opções. Podem fazer greve, o que os sufoca economicamente. Podem fazer revoltas com violência, o que provoca retaliação e morte. Ou podem constranger. Em seus protestos, a mensagem segue uma linha consistente: os opressores estão se comportando de modo abominável. Estão se esquivando de seus deveres e traindo os valores que deveriam defender. Espera-se que a vergonha vá forçá-los a corrigir o comportamento.

Os protestos, nesse sentido, servem a mesma função dos palhaços dos indígenas Pueblo. Naquelas cerimônias, como vimos, os palhaços se concentravam em membros da comunidade que não estavam talhados aos padrões sociais, seja traindo seus cônjuges ou fazendo contrabando. O propósito do constrangimento era trazê-los de volta ao grupo.

Os protestos #EndSARS funcionavam de modo semelhante, mas com uma importante diferença: eram os líderes da comunidade que se desviavam dos valores comunitários. Ao constranger seus opressores, os desfavorecidos tentavam colocar esses malfeitores na linha, ou então substituí-los.

A vergonha, como vimos, é uma toxina. Em alguns momentos, ela empurra as pessoas em direção aos valores comuns, tais como vestir uma máscara durante uma pandemia. Mas, com maior frequência, ela faz com que seus alvos se sintam feridos, culpados e, às vezes, sem valor. Em meio a esse tipo de vergonha punitiva, as únicas histórias felizes incluem pessoas como Blossom Rogers e David Clohessy, que conseguiram se libertar da vergonha tanto quanto puderam e encontrar alguma paz.

Mas o constrangimento dos poderosos — o ataque em direção a eles — enfim dá um uso construtivo a essa toxina. Pense nos movimentos de protesto justos, desde os direitos civis nos Estados Unidos até o *antiapartheid* na África do Sul. Nessas campanhas, aqueles explorados ou privados de seus direitos de fato constrangeram as pessoas e instituições que os mantinham sob controle. O líder abolicionista Frederick Douglass, escravo fugitivo, tinha uma única missão: "constranger [o país] a abandonar um sistema tão abominável ao Cristianismo e a suas instituições republicanas".

A esperança é que atacar os poderosos — chefes de polícia, governadores, CEOs —, as pessoas que dão as ordens, irá forçá-los a reexaminar seus comportamentos. Eles se sentirão envergonhados ao responder às perguntas de seus filhos na mesa de jantar e ao encarar pessoas acenando negativamente e apontando o dedo na igreja. Suas reputações sofrerão um impacto. Irão se sentir como pessoas ruins. Perderão apoio político ou clientes e mudarão de rumo.

Isso só vai funcionar, devo registrar, quando ambos, quem constrange e quem é constrangido, aceitam as mesmas normas e concordam com fatos relevantes. Assim, a vergonha produz resultados nos casos em que valores fundamentais estão em concordância e a indiscrição é clara e documentada, impossível de se negar.

De início, uma campanha de ataque aos poderosos tem de marcar esses contrastes, com o bem e mal postos tão claramente quanto num antigo filme de caubói. Os oprimidos devem se impor não só como honrados, mas também como virtuosos defensores dos valores comunitários. Se acontecer de não viverem de acordo com os valores que impõem, ou se parecer argumentarem apenas em causa própria e não por um grupo maior de indivíduos dignos, a campanha desvanece.

Além de protestar contra os abusos dos poderosos, as campanhas também incitam esses mesmos abusos, de preferência à vista de todos. Os manifestantes apanham, são pisoteados, atacados por cães da polícia, atingidos por gás lacrimogêneo e jatos d'água. Alguns são mortos. Essas vítimas muitas vezes são destaques do movimento. E mártires são exaltados. Na revolta #EndSARS nigeriana, 56 pessoas morreram nas duas primeiras semanas de protestos, algumas pelas mãos das forças de segurança, outras por gangues apoiadas pelo governo.

Uma das vítimas foi Anthony Unuode, de vinte e oito anos. Ele havia se formado em Educação pela Universidade Estadual de Nasarawa, próxima à capital, Abuja. Mas como costuma acontecer com a maioria dos estudantes de sua geração, ele não conseguia encontrar um trabalho em sua área. O sistema, ao que parecia, não funcionava para pessoas como ele — esforçadas, sem dinheiro ou conexões. Então partiu por conta própria, gerenciando três casas de apostas *on-line* enquanto trabalhava como corretor imobiliário. Seu pai havia morrido anos antes, deixando-o como arrimo de família. Unuode havia pouco entrara com papéis para se alistar no Exército. Seu objetivo, seus amigos contaram, era lutar contra o grupo islâmico militante Boko Haram, que vinha realizando uma brutal insurgência no norte da Nigéria.

Quando os manifestantes tomaram as ruas, Unuode se juntou a eles. Numa noite, bandidos pró-governo atacaram um agrupamento do #EndSARS num cruzamento em Abuja. Unuode, segundo testemunhas, protegeu outros manifestantes com o seu próprio corpo, escapando com apenas um leve ferimento no braço.

Quatro dias depois, quando ele e seus companheiros marchavam ao longo de uma via expressa em Abuja, capangas pró-governo os atacaram com facões, adagas e bastões. Unuode sofreu profundos cortes de facão no crânio. Ele tirou a camisa e a colocou em volta da cabeça para estancar o sangramento. Então correu até a casa de um amigo, Muazu Suleiman, que o colocou no carro e dirigiu até o hospital federal. Mas, de acordo com Suleiman, os socorristas do lugar não tinham luvas ou bandagens, e havia muito pouco remédio. Suleiman correu para comprá-los. Quando retornou, o hospital se encontrava às escuras. Os médicos usaram as luzes dos celulares para tentar, em vão, salvar a vida de Unuode.

Vários dias depois, os manifestantes realizaram uma vigília à luz de velas para honrar Anthony Unuode — e constranger o governo. Sua história, conforme relembrada por seus irmãos e amigos, traçava o contraste mais nítido possível entre o bem e o mal. Unuode era corajoso, dedicado à sua família e país e trabalhador. O governo, ao contrário, negligenciava uma economia que não dava chances à pessoas como ele. Comandava uma brutal força policial e contratava capangas armados para espancar cidadãos. O governo sequer fornecia suprimentos médicos básicos ou eletricidade para os hospitais dos quais Unuode e a vasta maioria dos duzentos milhões de nigerianos dependiam para viver.

Essa era a mensagem de ataque aos poderosos na vigília daquela noite em Abuja. As forças que controlavam a Nigéria haviam matado esse homem inocente, entre tantos outros. Ao fazê-lo, haviam traído os valores da sociedade, conforme expressos na Constituição de 1999. Escrita e promulgada no retorno à democracia, depois do fim do regime militar, ela promovia "o bom governo e bem-estar de todas as pessoas do país, nos princípios da liberdade, igualdade e justiça, com o propósito de consolidar a unidade do nosso povo". O presidente, Muhammadu Buhari, expressou seu comprometimento com esses princípios num *tweet* de 2019, fixado no topo de seu perfil no Twitter: "Não temos outro propósito a não ser servir a Nigéria com nossos corações e força e construir uma nação da qual nós e as próximas gerações possam se orgulhar".

Essas nobres aspirações deixaram Buhari aberto ao constrangimento, e os protestos e cobertura da imprensa o forçaram a se defender. A resposta padrão nesses cenários é a de apresentar uma narrativa alternativa, acusando os próprios manifestantes de abusos e descartando suas denúncias como *fake news*. Mas Buhari precisava pisar com cuidado, porque vídeos de celulares nas redes sociais mostravam forças do governo atirando em multidões aparentemente pacíficas.

Em consequência disso, o presidente expressou pesares pelas mortes de manifestantes e reconheceu que alguns poucos policiais haviam agido mal. Mas ele acusou os grupos de manifestantes de fomentar a anarquia. Desse modo, embaçou a linha entre o bem e o mal, inocentes e culpados, e se posicionou como guardião da democracia. Numa declaração elaborada, Buhari evitou lançar acusações específicas — que poderiam ser refutadas por vídeos — ao descrever os horrores na voz passiva. "Vidas humanas foram perdidas", postou no Twitter. "Atos de violência sexual foram reportados; duas grandes instalações penitenciárias foram atacadas e presidiários, libertos; propriedades públicas e privadas foram completamente destruídas ou vandalizadas."

Nesse ínterim, os líderes dos protestos, soltos ou presos, viam-se odiados por grandes setores da sociedade. Isso é comum quando a vergonha é usada num ataque aos poderosos. É resultado não só das mentiras e distorções do governo, mas também do desconforto que os manifestantes provocam. Muitos são vistos como baderneiros mesmo por aqueles que compartilham de seus objetivos. Alguns ícones do ataque aos poderosos que mais tarde são idolatrados, como Martin Luther King Jr., muitas vezes são vilipendiados em sua época. Eles parecem egoístas, buscando se beneficiar da dor dos outros. Criam engarrafamentos no trânsito e fecham o comércio. Eles perturbam.

O presidente Buhari alimentou esses ressentimentos conforme eclodiam em torno dos protestos #EndSARS e lutou contra o movimento tanto com propaganda quanto com músculos. Ele usou a comunicação para desviar a vergonha enquanto enviava esquadrões de choque para reprimir os manifestantes, matando alguns e prendendo outros.

Os manifestantes, enquanto isso, pediam apoio internacional. A Nigéria, país mais populoso da África, possui uma diáspora imensa, sobretudo na América do Norte e Europa, e a nação é bem representada nos esportes e nas artes. Não demorou para que a palavra chegasse a celebridades globais, incluindo Beyoncé, Rihanna e a estrela de futebol turco-alemã Mesut Özil, que *tweetou* para seus vinte e cinco milhões de seguidores. A campanha de ataque aos poderosos viralizou.

Conforme os protestos se dissiparam em 2021, o movimento #EndSARS obtinha sucesso significativo. Respondendo à pressão popular, o governo dissolveu o esquadrão. Mas o movimento ampliou o seu foco para o combate às injustiças e à corrupção. Embora o presidente Buhari tenha sobrevivido aos protestos, sua popularidade afundou. Mais importante, ele e seus colegas estão cientes de que estão sendo esquadrinhados, e que uma única ocorrência de abuso pode despertar uma campanha nacional de constrangimento em questão de horas. Os manifestantes, ao atacarem os poderosos, demonstraram seu poder.

<☠/>

    Mahatma Gandhi, o mestre do século XX no quesito ataque aos poderosos, demonstrou a estratégia e disciplina necessárias para vencer o jogo a longo prazo. Sua Marcha do Sal, de 1930, estabeleceu o padrão. Na época, o Império Britânico obtinha lucros na Índia enquanto centenas de milhões de indianos viviam na miséria, muitos deles ameaçados pela fome. Por anos, Gandhi liderou protestos. Eles cresciam cada vez mais, e perto de 1930 muitos esperavam que o líder não violento iria concentrar seu movimento nos pilares do poder colonial britânico, talvez na Bolsa de Valores, em Bombaim, ou na mansão do vice-rei em Déli. Em vez disso, Gandhi escolheu o sal.
    Os britânicos monopolizavam o mercado de sal. Eles proibiam os indianos de coletar o mineral em suas próprias regiões costeiras, for-

çando-os a comprar sal mais caro produzido por fabricantes britânicos. Isso era injusto. Caso as pessoas na Grã-Bretanha, e em todos os outros grandes poderes, ficassem sabendo sobre o monopólio, muitos ficariam indignados. O truque era criar uma cena que pudesse fazer com que a vergonha caísse com força sobre os governantes coloniais da Índia, o Raj Britânico. Assim, Gandhi anunciou que lideraria uma marcha de 390 quilômetros até uma cidade costeira no Mar Arábico. Naquela praia, os indianos iriam apropriar-se do sal, um ingrediente fundamental tanto para a culinária quanto para a saúde.

A escolha de Gandhi pelo sal foi genial. Ela deixou claro que os indianos não eram motivados por ganância ou *status*. Eles pediam apenas um elemento básico da vida. Quem poderia negar-lhes isso? A Marcha do Sal foi um cenário desenhado com perfeição para o ataque aos poderosos. Gandhi jurou que ela iria "abalar as bases do Império Britânico".

Sua estratégia dependia da difusão da informação. Caso as notícias sobre a marcha não alcançassem a Grã-Bretanha e o resto do mundo ocidental, a campanha não conquistaria nada. Como uma árvore caindo numa floresta deserta, a vergonha não causa impacto se a sua mensagem não encontrar o público. E Gandhi não controlava nenhum jornal e nenhuma rádio. Ele não tinha uma conta no Twitter.

O que ele tinha era um dom para atrair a atenção do mundo todo. Um contingente da imprensa internacional o seguiu pela marcha de vinte e quatro dias. Eles enviavam fotos dele usando suas vestes singelas, falando sobre igualdade e autossuficiência em vilas ao longo do caminho. Em cada parada ele aprimorava seu ataque sobre a Grã-Bretanha, pintando os soberanos como gananciosos e — importante — hipócritas a respeito de suas próprias regras democráticas de conduta.

Os valores comuns, como sempre, eram cruciais. Caso o alvo — neste caso, a Grã-Bretanha — não se importasse com sua reputação acerca dos direitos humanos, e não se orgulhasse enquanto modelo de civilização ocidental, ela seria imune às notícias detalhando a exploração de indianos pobres. Mas os britânicos, bem mais que o presidente da Nigéria ou o príncipe herdeiro da Arábia Saudita, valorizavam sua posição enquanto faróis da democracia. Os valores que compartilhavam, ou alegavam compartilhar, com aqueles que marchavam com Gandhi os tornavam vulneráveis.

No início, os britânicos demonstraram moderação. Eles entendiam o jogo de ataque aos poderosos e não interferiram quando Gandhi, em frente a uma enorme multidão, teve seu momento de triunfo. Agachando-se, tomou um punhado de sal da praia e o ergueu no ar para as câmeras. Houve uma resposta mínima do governo. Gandhi logo aumentou as apostas e anunciou planos de liderar uma tomada popular da companhia de sal. Foi aí que o governo colonial o pôs na cadeia — manchando a reputação mundial da Grã-Bretanha.

Enquanto Gandhi esteve preso, cerca de 2.500 de seus seguidores marcharam até aquelas salinas, instigando uma versão extrema de ataque aos poderosos. A polícia foi ofensiva, atingindo a cabeça deles com bastões de madeira. Os indianos, comprometidos com a não violência, sequer levantaram os braços para se proteger, não deixando, assim, espaço para narrativas alternativas que os culpasse pelo conflito. De acordo com um jornalista norte-americano que testemunhou a cena, "eles caíram como pinos de boliche".

O drama se desenrolou conforme Gandhi o havia planejado, com os manifestantes indianos parecendo santos enquanto o império e suas forças agiam como brutos para o mundo todo ver. No Congresso dos Estados Unidos, relatos da violência na Marcha do Sal foram lidos e registrados, e a oposição ao domínio britânico sobre a Índia cresceu. O anticolonialismo na Grã-Bretanha também foi alimentado. Winston Churchill depois admitiu que a campanha do sal de Gandhi havia "causado tanta humilhação e provocação como não se via desde que os britânicos pisaram pela primeira vez no solo indiano".

A vergonha claramente funcionava como um aríete contra a injustiça, mesmo quando os causadores sofriam uma surra física. Muitos deles vinham de castas baixas. Ao longo dos séculos, haviam ouvido de inúmeras formas que eram inferiores e mereciam sua posição humilde na vida. Caso se manifestassem sobre a opressão, fosse em termos de educação, moradia ou até mesmo sal, seriam ridicularizados. Eram incultos, sua dieta era ímpia, falavam de modo engraçado. A maioria estava presa, sem voz, no primeiro estágio da vergonha. Como tais humildes criaturas ousavam reclamar direitos de civilidade e igualdade?

Esse era o clássico ataque aos desfavorecidos, do tipo que vimos no tratamento de pessoas pobres ou com vícios. E era crucial a Gandhi (e depois a seu discípulo norte-americano Martin Luther King Jr.) inspirar seus seguidores com orgulho para que pudessem resistir a seus opressores. Para tanto, Gandhi insistiu em se banhar com os chamados intocáveis, conhecidos como Dalit. Ele pregava que a pobreza não era algo do qual deviam se envergonhar. Em vez disso, deveriam ter orgulho de sua existência simples e virtuosa, bem como de sua beleza e dignidade enquanto seres humanos.

Gandhi e seus apoiadores usavam a vergonha para atacar o sistema que os reprimia e os silenciava. Mas é importante notar que o processo, como de costume, era dolorosamente lento. Seriam necessários mais dezessete anos até que a campanha indiana de ataque aos poderosos atingisse seu objetivo último de pôr fim ao domínio britânico sobre o subcontinente.

<☠/>

Atacar os poderosos resulta em todo o tipo de desconforto e ansiedade, mesmo entre os apoiadores da causa. A batalha pelos direitos civis, no fim das contas, é raramente civilizada. Conforme o próprio nome indica, atacar os poderosos é um ato agressivo e provocante. Pode machucar pessoas. Pode enojá-las. Algumas irão reclamar que os constrangentes foram longe demais.

Larry Kramer, escritor e ativista da Aids, levou sua campanha de ataque aos poderosos a níveis de grosseria e aspereza que até mesmo seus aliados ficaram preocupados. Em 1981, conforme a epidemia de Aids começava a assolar a comunidade gay, Kramer cofundou a Gay Men's Health Crisis. A ideia era chamar atenção e atrair recursos para a calamidade, mesmo que jogando camisinhas em adversários ou pichando paredes com imagens de mãos ensanguentadas. Tais táticas agressivas alienaram os colegas de Kramer. Eles o expulsaram, e Kramer, por sua vez, os chamou de "maricas".

Kramer estava só no começo. Sua próxima empreitada, ACT UP (AIDS Coalition to Unleash Power), lançou ataques cáusticos em direção às instituições políticas e médicas, que ainda consideravam a Aids como um problema "apenas" dos gays (e, consequentemente, constrangiam as vítimas por fazerem escolhas erradas). Kramer foi implacável e mordaz em sua cruzada moral para promover recursos para a pesquisa e tratamento da doença. Em 1988, um ano antes de testar positivo para o vírus, ele escreveu uma carta aberta ao Dr. Anthony Fauci, que já era dirigente do Instituto Nacional de Alergia e Doenças Infecciosas:

"Venho bradando aos Institutos Nacionais de Saúde desde que visitei pela primeira vez a sua Casa dos Horrores em 1984. Chamei vocês de monstros na ocasião, chamei vocês de idiotas na minha peça, The Normal Heart, e agora chamo vocês de assassinos.

Vocês são responsáveis por supervisionar todas as pesquisas e programas de tratamento da Aids financiados pelo governo. Em nome do direito, vocês tomam decisões que custam as vidas dos outros. Eu chamo isso de assassinato."

Muitos dos aliados de Kramer pensaram que isso era excessivo, que ele estava sendo rude, ingrato, tagarela, mas sua campanha de constrangimento se provou efetiva. Ele enquadrava a resposta à doença como uma escolha moral, e provocou um aumento das pesquisas que finalmente salvariam milhares e milhares de vidas (incluindo a dele próprio). Como disse em 1995, "se você escrever uma carta educada e enviá-la para ninguém, ela afunda como um tijolo no rio Hudson".

Para muitas pessoas, sobretudo aquelas sem muito poder, a incivilidade é a única ferramenta disponível. Numa noite de junho de 2018, o alvo foi Sarah Huckabee Sanders, a belicosa secretária de imprensa da Casa Branca. Quando ela parou para jantar com alguns amigos num pequeno e fino restaurante, o Red Hen, em Lexington, Virgínia, a equipe do lugar não ficou feliz em vê-la. Do ponto de vista deles, ela representava um governo desumano, que discriminava pessoas transgênero, incitava violência nas cidades do país e separava mães de seus filhos na fronteira com o México, entre outras atrocidades. Eles não queriam servi-la.

Então uma das donas do Red Hen, Stephanie Wilkinson, levou Sanders para um lado e, discretamente, explicou que ela precisava se retirar. Sanders aceitou essa decisão de forma calma e saiu com seu marido. As outras seis pessoas, que já estavam se servindo das entradas, foram convidadas a ficar, mas saíram também. As entradas, Wilkinson lhes disse, eram por conta da casa.

Aninhada no Vale do Shenandoah, em Virgínia, Lexington é uma cidade icônica para os entusiastas da Guerra Civil, em especial para os fãs do lado perdedor. Os generais lendários dos Confederados, Robert E. Lee e Thomas "Stonewall" Jackson, estão enterrados lá. Por décadas depois da guerra, a cidade seguiu as leis Jim Crow, mantendo a segregação racial em escolas, bairros e cemitérios. Se uma mulher negra naquela época ousasse se sentar em um dos restaurantes para brancos da cidade, ela sem dúvida teria recebido o mesmo tratamento que Sarah Sanders. Alguém teria lhe dito para sair, talvez em voz baixa, talvez com rispidez. De todo modo, teria sido uma experiência constrangedora.

Há uma diferença crucial entre as duas expulsões. Uma pessoa é constrangida pelo que faz; a outra, pelo que ela é. Uma mulher negra que teve a audácia — ou a coragem — de entrar naquele restaurante nos anos 1950 não pôde escolher a sua raça. Os restaurantes negavam atendimento aos negros não pelo que diziam ou como se comportavam, mas por quem eram. Sarah Sanders, ao contrário, tinha uma escolha. Ela podia escolher entre contar a verdade e largar seu emprego. Essa é a primeira marca característica dos alvos de um ataque aos poderosos. A segunda é seu grau de poder. Sarah Sanders era a porta-voz da Casa Branca. Sob qualquer aspecto, ela possuía os meios para defender suas mentiras e reclamar sobre a injustiça do tratamento que recebeu. Compare a posição dela com a das incontáveis famílias negras a que foram negadas atendimento e cujas reclamações foram ignoradas em hotéis e restaurantes.

Atacar os poderosos só pode acontecer quando há uma escolha, e quando há uma voz. E, quando funciona, as pessoas no poder ajustam o seu comportamento. Passam a fazer escolhas diferentes e melhores.

Depois de deixar o restaurante naquela noite, Sanders *tweetou* sobre a expulsão. E a notícia logo ganhou vida própria na imprensa. Provocou a indignação esperada na Fox News e na blogosfera conservadora. Não era surpresa.

Mas algumas pessoas que compartilhavam das opiniões do restaurante a respeito de Sanders também não ficaram contentes. David Axelrod, ex-conselheiro sênior de Barack Obama, disse estar "espantado e perplexo" pela falta de civilidade. A página editorial do *Washington Post* pediu mais cortesia e respeito em épocas de polarização raivosa, escrevendo que Sanders, quaisquer que fossem seus defeitos, "deveria poder jantar em paz".

Você poderia argumentar contra a decisão do Red Hen, que repugnou os moderados e deu aos aliados de Sanders um assunto moralista em pauta, que se encaixava bem em reuniões de angariação de fundos. Mas o ataque aos poderosos neste caso era menos político e mais moral. Não era apenas uma jogada partidária. Sarah Sanders, como porta-voz do chefe do Executivo, estava criando um perigoso padrão de confusão e mentiras descaradas. Os donos do restaurante lutaram contra isso com a única arma que tinham em mãos, atacando os poderosos com a vergonha.

<☠/>

Crianças são ótimas em constranger — em parte porque é muito mais difícil acusá-las de incivilidade. Elas encarnam a inocência e a esperança, e raramente têm qualquer interesse próprio em poder ou dinheiro, então suas motivações são puras. Elas têm apenas os próprios valores. Um exemplo perfeito é Greta Thunberg, a adolescente sueca que em 2018 lançou uma campanha solitária para constranger poluidores e salvar o planeta do aquecimento global. Ela mobilizou greves de estudantes por todo o mundo. Tentativas de constrangê-la, incluindo *tweets* debochados da Casa Branca e esforços para enxertar sua imagem em conteúdo pornográfico, caíram por terra e fizeram seus autores parecerem desesperados e imorais.

Após um ataque homicida em uma escola de Parkland, Flórida, em 2018, os jovens sobreviventes lançaram uma campanha semelhante de ataque aos poderosos, a Never Again MSD (Nunca Mais MSD). Os estudantes em luto do colégio Marjory Stoneman Douglas haviam escapado da morte, alguns se escondendo em armários, outros simplesmente fora da linha de fogo. Mas dezessete de seus colegas e professores haviam morrido. A Never Again MSD constrangeu governantes e legisladores por se recusarem a adotar o controle de armas (enquanto aceitavam grandes contribuições do *lobby* das armas). Os carismáticos ativistas ganharam muita atenção, tanto na TV quanto de democratas no Congresso e nas casas legislativas estaduais, e saíram na capa da revista *Time*.

Os políticos constrangidos e seus apoiadores revidaram: difamaram os estudantes, os acusando de oportunismo e de aceitar dinheiro de grupos progressistas em segredo. Essa é a velha resposta a um ataque aos poderosos. Se a imagem de manifestantes íntegros pode ser manchada ou seus motivos questionados, então perdem sua virtude aparente e a reivindicação de autoridade moral.

Laura Ingraham, da Fox News, ridicularizou no Twitter um dos líderes dos estudantes, David Hogg, por ter sido recusado em quatro universidade nas quais havia tentado ingressar e por ficar "choramingando" por isso. Hogg prontamente respondeu postando uma lista de doze patrocinadores do programa de Ingraham, pedindo a seus seguidores para constrangê-los. No dia seguinte, uma repreendida Ingraham voltou atrás: "Refletindo, no espírito da Semana Santa, peço perdão por qualquer incômodo ou dor que meu *tweet* causou [a Hogg] ou a quaisquer valentes vítimas de Parkland". Àquela altura, empresas, incluindo Wayfair e Tripadvisor, já haviam tirado seus anúncios do programa. O ataque aos poderosos de Hogg havia funcionado (mas, de modo previsível, enfureceu apoiadores pró-armas. Um deles, respondendo a esse *tweet*, escreveu: "@davidhogg111 é o verdadeiro agressor aqui! Vergonha!!".).

Dois meses depois do tiroteio na escola, os estudantes organizaram um "die-in" (protesto no qual os manifestantes se fingem de mortos) num supermercado Publix. A rede havia doado mais de 600 mil dólares para um candidato ao governo, Adam Putnam, que se gabava de sua posição (e apoio financeiro) na Associação Nacional do Rifle (NRA).

Hogg *tweetou*:

"Em Parkland, faremos um die-in na sexta-feira (dia 25) antes do feriado do Memorial Day (...) É só ir e se deitar no chão a partir das 4 horas. Estejam convidados para se fingir de mortos com a gente em tantos outros @Publix quanto possível."

O supermercado preveniu-se de tais eventos de constrangimento ao abdicar de posteriores contribuições políticas. Numa escala maior, os estudantes de Parkland desencadearam um movimento nacional de protestos que se espalhou por jovens (e seus pais) de todo o país. Os protestos se transformaram em esforços de registro de novos eleitores. Como a mobilização nigeriana anti-SARS, os estudantes ativistas da Flórida começaram constrangendo um alvo, o *lobby* das armas. Mas a energia e o foco rapidamente se ampliaram para questões de justiça social.

<☠/>

No verão de 2017, o movimento #MeToo (Eu Também) explodiu. Ele foi desencadeado por exposições jornalísticas sobre Harvey Weinstein, figurão e predador que usava sua influência em Hollywood para reivindicar para si, muitas vezes de modo violento, qualquer mulher da indústria que lhe agradasse. E como se tratava de Hollywood, um ímã da beleza humana, potenciais vítimas surgiam em todo lugar por onde Weinstein passasse.

Os abusos de Weinstein eram horríveis. Mas o que é especialmente notável e trágico sobre o caso é que seus crimes eram um segredo aberto em Hollywood. Todo mundo conhecia alguém, ou alguém que conhecia alguém, que tinha uma história para contar. Mesmo assim, permaneceram encobertas, um *status quo* violentamente misógino.

A vergonha, é claro, teve um papel nesse silêncio. Como muitas das vítimas de crimes sexuais, as mulheres que Weinstein estuprou ou coagiu tiveram dificuldade para discutir o tema. As pessoas sempre murmuravam que essas mulheres deviam estar pedindo por isso, que dormiam com ele para avançar na carreira, que poderiam ter dito não. As mulheres também estavam dolorosamente cientes de que caso se pronunciassem, poderiam se encontrar sem trabalho, incluídas numa lista informal de encrenqueiras. Tinham visto isso acontecer com Rose McGowan, uma das poucas que haviam ousado se manifestar sobre os assédios sexuais de Weinstein. Era como se ele, junto com seus cúmplices, encarregados e advogados caros, mantivessem suas vítimas mulheres numa jaula.

O constrangimento sexual de mulheres é tão antigo quanto a Bíblia. O que foi novidade e extremamente desorientador para muitos foi o que irrompeu na esteira da revelação de Weinstein. Foi o constrangimento sexual de homens.

Homens poderosos há muito têm defendido a igualdade de gênero e o respeito pelas mulheres no ambiente de trabalho apenas da boca para fora. Gigantes corporativos e chefes de emissoras faziam doações generosas a abrigos de mulheres agredidas. Enfeitavam suas sedes com laços rosa para a conscientização do câncer de mama. Mas permaneciam livres para se comportar, com níveis variáveis de cautela, como porcos. Era assim que as coisas funcionavam, com base em hierarquias profundamente enraizadas.

A mudança veio quase da noite para o dia. As mulheres, silenciadas por eras acerca dos abusos que sofriam, de repente ganharam voz. Com as mídias sociais, podiam difundir suas denúncias. E agora eram (em geral) acreditadas. Sua virtude não era questionada (ou ao menos não tanto). As regras de decência eram agora aplicáveis. Os guardiões culturais do país, de redes de TV à empresas da Fortune 500, embarcaram no movimento #MeToo. Predadores foram demitidos. A velha ordem estava virando do avesso. A campanha de ataque aos poderosos estava obtendo resultados.

O que se seguiu foi uma torrente de acusações repugnantes e perturbadoras: se as normas podem ser vistas como placas tectônicas, as acusações eram terremotos de vergonha que as moviam com força extraordinária. Conforme tiveram suas fachadas desmanteladas, homens viram suas brilhantes reputações em farrapos. Charlie Rose, o genial apresentador de *talk shows* na TV, foi acusado de circular nu entre colegas mulheres e apalpar os seios e outras partes de seus corpos. Diversas mulheres acusaram o comediante Louis C. K. de obrigá-las a vê-lo se masturbar. Disseram que Matt Lauer, coapresentador do Today Show da NBC, tinha um botão debaixo de sua mesa que trancava a porta do seu escritório, possivelmente para encurralar suas vítimas mulheres. Esses acusados encararam a vergonha em uma escala épica.

Em questão de semanas, houve uma vasta depuração de homens com mau comportamento. Mais de duzentos apresentadores, executivos e políticos (de níveis nacional e estadual) foram forçados a abdicarem de apertar, apalpar, fazer propostas ou degradar mulheres, fazendo piadas impróprias, postando fotos de ex-namoradas nuas no Instagram — a lista é longa. Depois de passar pela vida com a segurança de que os costumes sexuais da sociedade eram moldados a seu favor, homens poderosos estavam finalmente sendo responsabilizados. Para muitos que há tanto tempo desfrutavam de *status* e privilégios, era algo assustador. Cercaram-se de advogados e publicaram desculpas abjetas, muitas vezes negando os detalhes dolosos. Viram-se lutando para escapar do banimento social e profissional e, em alguns casos, da prisão.

Essas novas normas inevitavelmente levariam muitos homens ao segundo estágio da vergonha — despertando sua raiva, negação e recriminações. Afinal, mesmo que seu comportamento tivesse sido imaturo, grosseiro ou mesmo detestável, muitos poderiam alegar que estavam jogando pelas regras, em grande parte não escritas, como as entendiam. A transformação repentina deles, de modelos exemplares à escória, foi a receita para a dissonância cognitiva.

Um ano depois do despertar do movimento #MeToo, uma revista feminina canadense, *Châtelaine*, fez uma pesquisa de opinião com mil homens sobre o tema do assédio sexual. Um quarto dos respondentes se disseram neutros sobre o assunto. Mas dos três quartos restantes, 46% sentiam-se irritados, culpados ou perseguidos. Nos comentários, um argumento falacioso de um homem transbordava de queixas equivocadas. "Me sinto mal pelas mulheres que realmente passaram por isso, mas também perseguido por outras que só querem chamar a atenção."

É fácil ver de onde vem o desconforto dos homens. Pela primeira vez, não estavam no controle. Com o #MeToo, as mulheres viram-se recém-empoderadas para constrangê-los. E isso logo se estendeu das ações masculinas até suas palavras — o que diziam, escreviam ou *tweetavam*. Um homem poderia tomar alguns *drinks* no jantar, ir ao banheiro com o celular e cambalear para fora, tendo destruído sua carreira com um *tweet* tóxico alguns minutos depois.

Um caso de muitos é o de Stuart Baker, ator de voz da série animada Squidbillies. Combinando sua animosidade para com os movimentos de igualdade racial e de gênero, ele fustigou a cantora Dolly Parton num *post* de Facebook por apoiar o Black Lives Matter. "Então agora essa velha loira burra sulista é amante dos BLM? Lembre-se, vadia, foram os caipiras que te fizeram milionária!"

No dia seguinte, desesperado para salvar seu sustento, ele publicou uma arremedo de vergonha, posicionando-se como vítima. "Eu peço sinceras desculpas pelo meu *post* sobre Dolly Parton, BLM, raça e tudo o mais. Peço desculpas por minhas ações, minha escolha ruim de palavras e quaisquer ofensas que possa ter causado a qualquer pessoa. Não sei o que mais querem de mim. Se não estiverem satisfeitos com as minhas desculpas, apenas me digam o que mais desejam."

Quando foi demitido e difamado nas mídias sociais, ele buscou abrigo em uma bolha com mentalidade semelhante, pessoas que concordavam com sua postagem original. Isso o liberou para avançar ferozmente sobre os inimigos em comum do grupo e reiterar, ainda com mais firmeza, a mesma mensagem que afundou sua carreira.

"Espero que estejam felizes por terem derrubado um bom homem, c*zões. Vocês venceram. Estejam orgulhosos de terem acabado com a vida de alguém por causa do *show* de horrores chamado 'Dolly Parton e BLM'. Muito obrigado.

Dei o meu melhor para vocês durante 30 anos, seus c*zões. Acho que vocês gostam de chutar quem já está caído. Isso é tão perverso e deturpado. De novo, obrigado! Vou me lembrar de vocês, malditos!"

Esse é o confuso desenrolar que acompanha mudanças rápidas. Cada lado constrange o outro, às vezes de modo fervoroso. Para os homens convencionais, um novo entendimento, apoiado pela força punitiva da vergonha, está empurrando muitos deles em direção às novas normas — neste caso, responsabilidade pelo modo como tratam as mulheres. Alguns abraçam essas normas. Outros, como Stuart Baker, queixam-se. Eles encontram facilmente exemplos em que aqueles que constrangem parecem exagerar na dose. Os adversários usam esses casos para desacreditar todo o movimento.

Enquanto isso, grandes números de homens brancos observam do lado de fora. O assédio explícito é lamentável, é claro. Mas eles não veem a si próprios como responsáveis. Eles não rebaixam as mulheres, muito menos as forçam por sexo. No entanto, muitos desses homens permanecem presos no estágio da negação. Eles ainda não compreenderam o poder que exercem sustentando um *status quo* construído sobre a injustiça, tampouco os benefícios que colhem disso.

Para ser justa, esse tipo de dissonância cognitiva é um problema para todos nós. Mas aqueles que mais se beneficiam têm maior comprometimento em evoluir de um estado de negação para o de aceitação das responsabilidades e pressionar por justiça.

<💀/>

Os atuais titãs da vergonha, que controlam a maior parte do maquinário, são as plataformas digitais trilionárias, mais notadamente Google e Facebook. Como vimos, elas nos rastreiam e nos têm como alvos, marcam-nos com letras escarlates digitais e nos alimentam com partes de informação, verdadeiras ou fictícias, as quais é muito provável que lhes aumentem os lucros. Esses sistemas são invasivos e enviesados. Sempre agiram mal, e isso lançou ondas de vergonha na direção deles. Isso levanta o espectro assustador das regulamentações, o que os têm levado a dar pequenos passos em direção à responsabilização e prestação de contas. Mas a única forma de expor o que de fato estão fazendo, e mudar isso, é esmiuçar os mecanismos de inteligência artificial que os impulsionam. Isso requer a mais profunda competência técnica.

O Google, por exemplo, trabalhou para melhorar sua credibilidade em termos de equidade em 2018 ao contratar Timnit Gebru, da Microsoft. Nascida na Etiópia, Gebru é PhD em Inteligência Artificial (IA) por Stanford. Junto da pesquisadora Joy Buolamwini, do MIT, ela havia publicado um estudo inovador, em 2017, mostrando como *softwares* de reconhecimento facial, desenvolvidos em grande parte a partir de imagens de pessoas brancas, tinham 99% de precisão ao identificar homens brancos, mas apenas 65% identificando mulheres negras. Então, se uma câmera capturasse o rosto de uma mulher negra numa cena de crime, o sistema provavelmente faria a correspondência com um alto número de pessoas inocentes. Essas descobertas perturbadoras levaram a Amazon e Microsoft a parar de vender *software* às forças policiais.

Em 2020, Gebru e sua crescente equipe no Google voltaram sua atenção aos vieses nos "imensos modelos de linguagem" — a matéria-prima para boa parte da IA do Google. O artigo — *On the Dangers of Stochastic Parrots: Can Language Models Be Too Big?* ("Sobre os Perigos dos Papagaios Estocásticos: Modelos de Linguagem Podem Ser Grandes Demais?") — tratou de estabelecer a probabilidade estatística de que o racismo e outros vieses estariam embutidos nos serviços automatizados do Google. O artigo sugeriu, de forma direta, que modelos mais bem adaptados culturalmente poderiam ser desenvolvidos ao se direcionar a aprendizagem de máquina a conjuntos de dados mais concentrados. Em outras palavras, o Google poderia reduzir a injustiça em seu império informacional se assim o quisesse. A conclusão tácita, dolorida para o Google, era que, se a empresa escolhesse não reformular seu *status quo* espetacularmente lucrativo, estaria escolhendo ser racista.

O artigo passou por revisão interna e parecia pronto para publicação. Mas cinco semanas depois, no fim de novembro de 2020, o Google ordenou que Gebru o retirasse, citando uma falta de contexto, incluindo pesquisas contrárias, de contrapeso. Ela se recusou, e desferiu um forte ataque aos poderosos. Num *e-mail* para os colegas, ela denunciou a empresa por censurá-la, por menosprezar os problemas de viés apontados por ela e sua equipe, e por ficar para trás nos esforços de contratação de minorias. O Google a demitiu.

A resposta de Gebru foi transformar sua demissão num evento de constrangimento. Ela compartilhou amplamente sua experiência nas redes sociais. A gigante da tecnologia, ela disse em entrevistas, ficava feliz em receber elogios por contratar alguém renomada do campo da IA — e uma mulher africana, ainda por cima — para vasculhar por vieses em seus sistemas. Mas suas recomendações eram menos bem-vindas.

Essa campanha de ataque aos poderosos, como outras, constrangia o alvo por trair seus princípios. No caso do Google, os valores em questão eram claros para todo o mundo. No prospecto para a oferta pública de ações em 2004, os fundadores do Google haviam inserido, de maneira ostentosa, uma cláusula na qual juravam se distinguir moralmente da concorrência avarenta.

"Não seja mau. Acreditamos com firmeza que, a longo prazo, seremos mais bem servidos — enquanto acionistas e de todas as outras formas — por uma companhia que faz boas coisas ao mundo mesmo que abandonemos alguns ganhos de curto prazo. Este é um aspecto importante de nossa cultura e é plenamente compartilhado dentro da companhia."

Essa nobre promessa deixou a empresa vulnerável às acusações duras de Gebru. Mais de dois mil empregados do Google de pronto assinaram uma petição denunciando sua demissão. O pedido exigia uma explicação detalhada do processo pelos líderes da divisão de pesquisas e um comprometimento maior da empresa com "integridade de pesquisa e liberdade acadêmica".

Uma semana depois, Sundar Pichai, diretor executivo da empresa-mãe do Google, Alphabet, publicou um pedido de desculpas:

"Ouvi alta e claramente a reação à saída da Dra. Gebru: semeou dúvidas e levou algumas pessoas da nossa comunidade a questionar seu lugar no Google. Quero dizer o quanto sinto muito por isso, e que aceito a responsabilidade por trabalhar para recuperar a sua confiança."

Mas o conflito continuou. Menos de três meses depois da demissão de Gebru, uma de suas maiores colaboradoras, Margaret Mitchell, foi dispensada. Mitchell, também parte do time de IA ética, havia encorajado Gebru a se juntar a ela no Google dois anos antes. Revoltada com a demissão, ela escreveu uma denúncia detalhada e a publicou no Twitter. Ela escreveu que cada pequeno problema, se referindo a seu trabalho na empresa, "se expande a um vasto universo de novos problemas complexos". Ela chamou de "cebola infinita" a tarefa de desemaranhar vieses do universo de IA do Google. Os problemas variavam desde justiça e liberdade à igualdade.

Pouco depois de Gebru ser dispensada, fontes disseram à imprensa que o Google focou na atividade *on-line* de Mitchell. Ela parecia estar buscando em seus *e-mails* informações relacionadas ao tempo de Gebru na empresa — um sinal de que poderia estar elaborando um processo contra a firma. Mitchell foi suspensa, e um mês depois, no dia 19 de fevereiro de 2021, postou um *tweet* de duas palavras: "Fui demitida".

O Google tem muito a perder. O futuro da empresa depende de recrutar e reter as melhores cabeças. Esses luminares podem escolher seus laboratórios, quer seja Facebook, Amazon, *start-ups* financiadas com capital de risco ou as mais prestigiadas universidades. O apetite deles é por descobertas e avanços. A liberdade é essencial para tanto. E se acreditam que não podem trabalhar sem restrições no Google, irão para outro lugar. No ramo de IA, a fuga de cérebros é uma ameaça existencial.

Ao tentar calar Gebru, a empresa possivelmente traiu sua promessa original de não sacrificar seus princípios por ganhos de curto prazo. Agora, conforme funcionários continuam a constranger o Google por seu comportamento, a firma pode chegar à conclusão de que a melhor forma para os manter felizes, e manter seu encanto como um excelente polo de pesquisas, é seguir sua orientação original de não fazer o mal — ou ao menos dar um passo nessa direção. Os pesquisadores, afinal, tendem a ter mais entusiasmo em relação à liberdade acadêmica do que aos lucros.

Atacar os poderosos dentro dessas plataformas de tecnologia não poderia ser mais crucial. As decisões que essas empresas tomam conforme implementam inteligências artificiais cada vez mais invasivas e sofisticadas em nossas vidas serão fundamentais ao nosso bem-estar e democracia. As campanhas de constrangimento para cercá-las, fazê-las cumprir suas promessas mais altivas e reorientar seu poder em direção ao bem comum serão o trabalho de toda uma geração, ou ainda além.

Os inflamados doutores na campanha do Google estão numa posição forte, com mais influência que as massas nigerianas do movimento anti-SARS ou dos donos de restaurante que disseram para Sarah Sanders ir comer em outro lugar. Eles estão no comando da indústria mais rica do mundo. Suas habilidades são essenciais. Quando um deles ataca os poderosos, pode causar danos. Só nos resta esperar que mais deles encontrem sua voz.

CAPÍTULO 10
ENTRANDO NA FACA

Se você tivesse me perguntado, digamos, em 2015, sobre como eu me sentia sendo gorda, teria aproveitado a oportunidade para demonstrar meu entendimento sobre a questão. Eu acreditava que finalmente me sentia confortável sendo pesada, claro que não uma ativista verbal do tema, mas já tendo superado a vergonha lacerante que havia aturado por décadas. Eu até mesmo me considerava um exemplo para pessoas tentando aceitar seus corpos. Entendia que a genética é uma determinante considerável do tamanho do corpo. Havia inúmeras teorias para se explicar a epidemia global de obesidade, e o mercado estava repleto de tratamentos e elixires. Só que nenhum deles fornecia respostas para mim. Ser gorda não era minha escolha e eu não estava nem um pouco interessada em discutir o assunto.

Minha prioridade à época não era perder peso; em vez disso, eu queria diminuir os meus fatores de risco para diabetes, uma doença que vi arruinar a saúde de meu pai. Meu plano era comer alimentos nutritivos e me exercitar bastante. Eu ainda não havia aprendido sobre os estágios da vergonha, mas, se tivessem sido descritos a mim, teria me posicionado firmemente no terceiro estágio. Estava me desvencilhando da vergonha, tentando aceitar o corpo que tinha.

Contudo, toda a paz interior do mundo não significa quase nada quando se é gorda, aproximando-se da meia-idade, e com enormes dificuldades de se manter em forma pedalando em terreno montanhoso num calor de verão de 35 graus. Meu corpo não suportava, e abandonei meus treinos. Nos meses seguintes, conforme passei mais tempo dentro de casa, pouco disposta a deixar o ar-condicionado, meus níveis de açúcar no sangue subiram perigosamente à faixa de pré-diabetes. Meu pai havia sido diagnosticado diabético com a minha idade, e meu irmão, dois anos mais velho, havia acabado de receber a má notícia. Eu tinha todos os fatores de risco, com exceção de que fazia exercícios, mas agora estava perdendo também essa batalha. Eu não queria ter diabetes, mas começava a parecer inevitável.

Entendia que, via de regra, as dietas fracassavam dentro de um ano. Isso abastecia a indústria da perda de peso com séries infinitas de clientes recorrentes. Era seu modelo de negócio. E seduziam as pessoas, como outras indústrias da vergonha, com pseudociência e curas milagrosas. Isso eu sabia. Para combater a ameaça da diabetes, precisava me afastar dos vigaristas. Eu precisava de respostas a partir de fontes confiáveis.

Para mim, isso significava ciência.

A ciência não é de modo algum perfeita. Há diversas contrariedades — pesquisadores atrás de dinheiro, artigos publicados com análises estatísticas de má qualidade, a política baixa e vingativa das universidades de pesquisa, além das rivalidades tolas. Ainda assim, a ciência, por definição, tem rigor. As pessoas (muitas vezes, nem sempre!) são expostas quando dizem asneiras. Elas vão ser, em algum momento, pressionadas a defender com dados suas posições. Se buscamos respostas sobre como nossos sistemas funcionam — quer seja o formato de nossos corpos ou as vulnerabilidades de um vírus —, a ciência revisada por pares com experimentos duplo-cego é a melhor fonte que temos.

Eu tinha algo de onde partir. Uma notícia que li descrevia a cirurgia bariátrica como quase uma cura para diabetes tipo 2. Sua eficácia chocou os especialistas, porque parecia funcionar como um botão que desligava os níveis elevados de açúcar no sangue que causavam a condição. Aliás, até mesmo pacientes que não conseguiam perder peso depois da cirurgia bariátrica — em geral considerada um procedimento de perda de peso — se recuperavam da diabetes.

Por que então não era chamada de cirurgia de diabetes com efeitos colaterais de perda de peso, em vez do contrário? Penso nisso com frequência.

Suponho que seja porque a perda de peso é um mercado de massas com dezenas de milhões de clientes desesperados por milagres — e uma fuga da vergonha. Há menos dinheiro para se ganhar curando a diabetes.

Quando busquei no Google sobre estudos de cirurgias bariátricas, fui logo inundada por propagandas tentando me constranger a comprar a bala de prata. Fotos sensacionalistas de antes e depois, promoções de cirurgia plástica e promessas de soluções instantâneas lotaram o meu *feed*. A ciência era claramente esmagada pela indústria do constrangimento corporal, ao menos no espaço comercial que é a internet moderna. Peneirar pepitas verossímeis das montanhas de propaganda enganosa e pseudociência foi um desafio. Também desencadeou meus medos e ansiedades em relação ao peso. Cada vez que tentava fazer uma pesquisa, terminava questionando minhas escolhas e meu próprio valor.

Para minha felicidade, eu tinha acesso às bibliotecas *on-line* da Columbia University e pude consultar estudos revisados por pares sobre as cirurgias de perda de peso. Ali consegui acompanhar a evolução da ciência. A primeira abordagem, no fim do século XX, era a cirurgia Lap-Band, em que colocavam um grande anel de borracha em torno do estômago do paciente, que o espremia, tornando-o menor efetivamente. Mas os efeitos não foram duradouros.

Os pesquisadores estudaram outras abordagens, tanto em ratos quanto em humanos. O que descobriram foi que o bioma gastrointestinal — a mistura de micróbios que cria seu próprio ambiente químico no estômago — não mudava tanto com a cirurgia Lap-Band. Apesar da interferência, as células estomacais metabolicamente ativas continuavam emitindo hormônios e sinalizando fome. Os pacientes recuperavam o peso.

Assim, passei a me concentrar mais em algo chamado procedimento de manga bariátrica. É uma cirurgia que remove tecido elástico do estômago. O resultado é um órgão encolhido, no formato de uma banana. Um estudo particularmente impressionante demonstrava como a operação mudava o bioma de ratos. Descobriu-se que, após o procedimento, os microbiomas de ratos antes obesos estavam muito mais próximos dos de ratos magros.

Entrevistei seis mulheres que haviam passado pela manga bariátrica, algumas há pouco tempo e outras há muitos anos. Me contaram sobre os problemas, em especial os riscos de deficiência de vitaminas. O estômago encolhido não consegue absorver certas vitaminas essenciais sem ajuda, razão pela qual os pacientes devem tomar vitaminas todos os dias pelo resto da vida. Nenhuma dessas mulheres, no entanto, tinha arrependimentos. Uma delas, que havia feito a cirurgia depois dos setenta, apenas sentia remorso por não ter feito antes.

Decidi fazer a minha. E por que não? Eu tinha um excelente plano de saúde. Morando em Manhattan, tinha acesso a instalações médicas de primeira classe. O New York-Presbyterian Hospital, onde faria a cirurgia, ficava a dez minutos de metrô ao norte.

O desafio, porém, seria convencer minha seguradora a pagar pelo procedimento. Em outros lugares, isso não é tão difícil. Já que é um tratamento bastante eficaz para diabetes, a cirurgia bariátrica foi adotada amplamente no Reino Unido, onde as pessoas obtêm o direito apenas tendo um índice de massa corporal (IMC) alto o suficiente. O procedimento também está ganhando popularidade em Israel. A economia para os sistemas nacionais de saúde foi obtida em poucos anos, porque uma cirurgia custa menos do que décadas controlando duas condições crônicas, obesidade e diabetes, bem como artroplastias de joelho e quadril causadas pelo excesso de peso.

Pode-se imaginar que a mesma lógica se aplicaria aos Estados Unidos. Mas não é o caso. Embora seja verdade que a cirurgia, que custa de

15 a 30 mil dólares, economiza dinheiro a longo prazo, as seguradoras veem risco financeiro. O que acontece se pagarem pela cirurgia e depois um cliente pós-bariátrico agora saudável pular para uma outra seguradora ou o Medicare? A seguradora teria investido na saúde daquela pessoa sem obter nenhuma recompensa.

    Sem surpresas, minha seguradora fez forte resistência. Obter aprovação para cirurgia foi um suplício de seis meses. Assumi isso como um segundo emprego de meio período. Requeria preencher infindáveis formulários, sem contar ir atrás de médicos e cercá-los até que me dessem o atestado de necessidade da cirurgia. A tirania da papelada era absoluta. Precisei fornecer registros médicos dos cinco anos anteriores só para provar que eu era gorda há muito tempo. E nesses anos, eles estipularam, não poderia incluir qualquer tempo em que eu estivesse grávida (eu tive três filhos). Gorda enquanto grávida não contava. Foram inflexíveis nessa questão, entre tantas outras.

    Precisei fazer diversas ligações a médicos que haviam me atendido há mais de década, durante a pós-graduação. Fazer com que os consultórios encontrem, copiem e enviem documentos antigos requer um tempo interminável e um fluxo constante de toques e lembretes "amigáveis". Passei dias inteiros ao telefone, implorando, persuadindo e bajulando pessoas para vasculharem registros velhos e empoeirados (às vezes ainda em papel!) e enviarem para mim via fax.

O processo separadamente exigia visitas mensais — seis no total! — ao meu médico, e o obrigava a me colocar sob uma "dieta derradeira". Ele fez, e pouco depois escreveu uma carta à seguradora dizendo que eu tinha uma obesidade mórbida e incurável por métodos tradicionais, que havia tentado e falhado múltiplas dietas e que eu poderia, de modo sensato, ser considerada desesperada. Apenas com esse selo de vergonha eu poderia me habilitar à cirurgia.

Tal incômodo descomunal e, por vezes, degradante, trouxe à mente os bloqueios burocráticos e o constrangimento pelo qual as pessoas passam quando se inscrevem nos programas de auxílio social ou vale-refeição governamentais. Envolve não apenas documentar suas fraquezas, mas também argumentar de modo convincente de que elas são bastante reais e insolúveis. Essas máquinas da vergonha exigem que você se rebaixe. Eu fiquei profundamente humilhada. Só persisti porque fui capaz de ver, apesar da minha dor, o funcionamento interno da máquina. Fui irredutível em não me deixar intimidar por constrangimento intencional, movido por lucro.

Por fim, obtive a aprovação da seguradora. Algumas semanas depois, após uma dieta extenuante para reduzir meu fígado gorduroso, fui ao hospital, bolsa de viagem em mãos, para ter meu estômago cirurgicamente reduzido.

<☠/>

Fiquei preocupada de ter saído do hospital muito cedo após a operação. No táxi, cada solavanco era brutal. Isso deixou clara a realidade muitas vezes ignorada sobre cirurgias: sua violência. Alguém havia cortado meu corpo, retirado metade do meu estômago e costurado com o que parecia ser barbante.

Ao voltar para casa, segui a meticulosa dieta de recuperação (na maior parte água na primeira semana) e ao mesmo tempo lidei com as dores incessantes tomando Tylenol misturado com codeína a cada seis horas. De início, odiei com força o cheiro e o sabor. Mas é engraçado — e assustador — quão rapidamente você se acostuma e deseja mais. Joguei fora o remédio quando notei que estava com muita vontade de tomá-lo, até mesmo apreciando o sabor.

Meu corpo precisou de tempo para se recuperar, porém a cirurgia foi um sucesso. Perdi uma boa quantidade de peso (apesar de ainda estar gorda) e consegui voltar a fazer exercícios, mesmo no calor do verão. Meus números de açúcar no sangue melhoraram, como prometido, e a ameaça da diabetes recuou. Tomo minhas vitaminas duas vezes ao dia, sabendo que posso ficar debilitada se não o fizer.

Depois de passar pela cirurgia, perdi a vontade por doces. Minha comida favorita foi de sorvete para couve-de-bruxelas, e coisas amargas se tornaram muito mais deliciosas. Ansiei por vegetais assados pela primeira vez na vida. E, olhando para trás, percebi que "comida de magro" —

alimentos que pessoas magras pareciam gostar — era um deleite maior do que eu pensava. O segredo, aparentemente, é ter o bioma certo no seu estômago. Nunca mais vou me sentir mal sobre desejar chocolate ou mais virtuosa que os outros por comer vegetais. Nós só fazemos aquilo que os nossos corpos pedem.

Assim, eu poderia transformar isso na história triunfante de uma mulher gorda que passou a maior parte da vida imersa em vergonha, mas que conseguiu lidar com as forças sombrias em jogo — uma mulher que rejeitou as falsas e delirantes promessas da máquina da vergonha corporal. Buscando a ciência como alternativa, ela enfrentou o problema e o superou.

Gostaria que fosse assim tão simples. Por infortúnio, a vergonha me acompanhou em cada etapa da jornada e não foi embora. A cirurgia bariátrica, afinal, opera dentro da indústria da vergonha. Apesar de todas as suas virtudes científicas, ela aceita as premissas predominantes que se provaram tão duradouras e lucrativas para as empresas de dietas, as mesmas ilusões e fobias. E também as propaga. Elas são essenciais para seu modelo de negócio.

Até mesmo o menor lembrete de problemas de peso traz à tona a vergonha corporal e o autoquestionamento. Uma vez que a vergonha se instala em você, especialmente desde jovem, ela vai te acompanhar por muito tempo. Você pode mantê-la afastada e vencer batalhas importantes. Mas ela está sempre ali fora, sondando as suas defesas, procurando uma maneira de voltar e tomar o controle. Ela coloca a mesma questão desmoralizante, repetidamente: você não consegue se sentir bem consigo mesma, não é?

O incômodo começa com a escolha de passar pela cirurgia, o que em si já provoca vergonha. A maioria de nós ouviu a vida toda que os vencedores perseguem seus objetivos e os atingem. Os perdedores desistem. E se você interrompeu nove ou dez dietas e o seu sótão está abarrotado de máquinas de exercício sem uso, se você se juntou a uma ou duas turmas de perda de peso e participa ativamente de uma página no Facebook sobre dietas, se você fez tudo isso e continua tão gordo quanto sempre — então você é um perdedor.

Entrar na faca é visto como a rendição máxima. Se você pouco ouve falar sobre a cirurgia bariátrica, é porque a maioria das pessoas a mantém em segredo. Estão envergonhadas. Fiquei triste, mas não surpresa, quando uma amiga obesa me disse que nunca faria a operação porque queria perder o peso "do jeito certo".

A vergonha corporal misturada com pseudociência permeia até mesmo os hospitais. Um dia, estava sentada na sala de espera do meu cirurgião, no New York-Presbyterian Hospital, em Manhattan, para uma consulta de acompanhamento. Ouvi por cima ele conversando com a secretária em outra sala sobre a nova dieta que fazia. Ele havia comprado o *bestseller Eat Fat, Get Thin* (Coma Gordura e Emagreça) e estava bastante animado.

Então até mesmo meu profissional científico de escolha num hospital de primeira classe estava aderindo ao pujante ramo da indústria da vergonha baseado em ciência falsa. Como poderíamos esperar que uma pessoa comum transcenda isso, sobretudo se ela não tem acesso a periódicos científicos ou a formação (e paciência) para ler e entender?

Depois da cirurgia, voltei para consultas de acompanhamento periódicas. Foi quando conheci um enfermeiro muito amigável chamado Gio. Com um sorriso grande e encorajador, ele me perguntava no início de cada encontro qual era a minha meta de peso. Era a primeira coisa que ele dizia depois do "oi". Em outras palavras, quão magra você planeja ficar? Qual número é o seu alvo? Ele colocava a informação num gráfico a meu respeito. E, juntos, podíamos acompanhar a evolução da perda de peso, a cada semana ou duas, em direção ao meu objetivo final.

De início, entrei no jogo. Queria que isso funcionasse. Queria perder peso. Junto dos outros no meu grupo, perdi quilos, e a linha do meu gráfico foi tendendo para baixo, apontando o sucesso. Conforme caía, fui tendo *flashbacks* das pesagens semanais e gráficos dos meus pais e daqueles breves momentos de euforia pelos quais passei na minha primeira dieta. Ao mesmo tempo que gerava entusiasmo, causava gatilhos.

Desta vez, eu não estava sozinha. Cada um de nós do grupo pós-bariátrica havia passado grande parte da vida lutando para perder peso. Havíamos sentido o barato inebriante do início da dieta, quando os quilos somem e o gráfico fica lindo — um sonho realizado — e depois a frustração arrasadora conforme a meta de peso se afasta a cada quilo recuperado.

E aqui estávamos, reencenando exatamente a mesma cena. Assegurei-me de que desta vez seria diferente, porque eu não sentia fome! Isso aumentou minha esperança de que a cirurgia bariátrica cumpriria o prometido, que os efeitos benéficos seriam duradouros, que eu seria magra (ou, ao menos, bem mais magra) pelo resto da minha (longa) vida.

Mesmo assim, o número-alvo colocava a vergonha sobre a mesa. Assim que um número é estabelecido, qualquer desvio é considerado fracasso. E devo admitir que, mesmo com toda a minha consciência sobre a vergonha, e meu orgulho de ter superado o pior dela, caí de cabeça no drama da meta de peso. Isso gerou dissonância cognitiva. Eu tinha aprendido a controlar a vergonha, pensava. E, no entanto, eu estava sendo controlada por ela, como se tivesse 11 anos de idade outra vez.

Em vez de diminuir para um número específico, meus colegas e eu podíamos ter nos concentrado em ganhar mobilidade. Se me sentisse com mais energia e conseguisse andar de bicicleta por trinta quilômetros num dia quente de verão, este seria um grande passo. Outro sinal positivo seria se meu nível de açúcar no sangue caísse para uma margem segura. O objetivo era recuperar meus movimentos e minha saúde. Se terminasse empacada quatro ou oito quilos acima da chamada meta, e daí?

Eu sabia disso, racionalmente falando. O problema é que uma vez que aquele número está no gráfico, ele afeta os seus sentimentos e define a sua autoestima. Para a diminuta minoria que de fato alcança a meta de peso e a mantém, a sensação deve ser de orgulho e conquista. Mas para a vasta maioria de nós, é decepção e dor sem fim.

Depois das primeiras reuniões, quando Gio me perguntava sobre minha meta de peso, passei a explicar minhas objeções a ele, com requintes de detalhes. Metas de peso, disse, são fomentadoras traiçoeiras de vergonha. Pensei que ele tivesse entendido, porém na visita seguinte ele me perguntou, de pronto, sobre minha meta. Ele não iria mudar; insisti mesmo assim.

Durante uma consulta, Gio veio acompanhado de uma jovem estagiária que vestia um lenço muçulmano na cabeça e que discretamente tomava notas. Depois da sessão, ela saiu junto comigo e me agradeceu pelo discurso apaixonado que eu havia feito sobre a meta de peso como fonte de vergonha. Gio mal havia ouvido, mas penso que ela não vai se esquecer daquilo.

Ao rejeitar a meta de peso, eu consegui identificar um gatilho da vergonha. Estava determinada a bani-lo. Contudo, mesmo quando você toma uma decisão consciente de desarmar um gatilho, os sentimentos não necessariamente acompanham. A vergonha institucional é durável e persistente. Apesar do meu raciocínio impecável, a vergonha ainda era presente. Mesmo depois que joguei fora a balança — contrariando a minha família —, continuei suspeitando que não estava batendo a meta de peso, e me sentia envergonhada. Nesse contexto, todos os meus argumentos sensatos soavam como desculpas por falhar.

Durante esse período, me senti enfrentando ondas de vergonha, algumas novas, outras reverberando da minha infância. Era tolo esperar algo diferente. Quando uma pessoa gorda lida de alguma forma com seu peso, seja tentando escondê-lo ou cortá-lo, as emoções tendem a ficar intensas. Para lidar com isso, eu sabia, era importante buscar ajuda de uma comunidade de apoio. As pessoas precisam ajudar umas às outras.

Ponderei entrar no grupo de Facebook de colegas pacientes bariátricos que eu estava pesquisando como parte deste projeto. Espreitei o site por algumas semanas. Mas vi que, apesar das boas intenções, as mulheres tinham aderido às expectativas da máquina da vergonha. Estavam trocando dicas de como emagrecer, e se concentravam obsessivamente em suas sempre fugidias metas de peso.

Esse único número era a estrela-guia do grupo. O propósito de cada pessoa era alcançar a meta de peso e segurá-la com firmeza. Elas também entravam em detalhes discutindo modos de esconder o fato de que haviam feito cirurgia bariátrica, para que outras pessoas não pensassem que tivessem "trapaceado".

No fim das contas, mesmo o sucesso criava-lhes problemas. Os hospitais haviam feito propaganda da cirurgia com promessas extravagantes. Em vez de se contentar com a verdade — que os pacientes poderiam alcançar pesos mais saudáveis e reduzir os riscos de diabetes e outras doenças —, venderam-lhes sonhos. As fotos de antes e depois, parecidas com aquelas do *The Biggest Loser*, mostravam pessoas obesas virando magras e esculturais. Isso preparou terreno para mais vergonha, porque a realidade, para a maioria de nós, era pouco glamourosa. Pacientes recentemente magros muitas vezes ficavam com excesso de pele solta, e nem todas as curvas nos locais previstos. Isso levava a alguns deles a se sentirem mal sobre si próprios, e pensar em fazer mais cirurgias. Suas jornadas se anunciavam infinitas, já que sempre encontrariam algo que precisaria de conserto. Decidi não me juntar ao grupo.

Por fim, nunca alcancei minha meta de peso. Nem cheguei perto. Na realidade, nem me lembro qual era. Mas ando de bicicleta no verão e tenho um estilo de vida ativo. Meus níveis de açúcar no sangue estão normais. E o lado emocional? Bem, o entendo muito melhor que antes, porém é algo com o qual sempre irei lidar.

Minha luta ao longo da vida acrescenta apenas um minúsculo fragmento a um infinito mosaico. O panorama da vergonha inclui todos nós. E, acima de nós, potentes e rentáveis máquinas da vergonha estão rodando sem parar. Elas dominam nossas economias e envenenam incontáveis vidas. Minha esperança é que, juntos, uma vez cientes da vergonha em torno de nós, possamos dar passos na direção de desmantelar as máquinas da vergonha, grandes e pequenas, e melhorar nosso mundo.

CONCLUSÃO

Quando nossos maiores sonhos foram por água abaixo, deixaram para trás as máquinas da vergonha. Leve em conta algumas das várias "guerras" que nossos líderes políticos declararam ao longo das últimas décadas: guerra à pobreza, guerra às drogas, guerra à obesidade. Cada qual lançada com grande estardalhaço e a esperança de que, com liderança resoluta, inteligência e fundos suficientes, esses males poderiam ser erradicados. Se podíamos enviar o homem à Lua, é claro que poderíamos corrigir esses flagelos.

Uma vez que a complexidade e o custo desses problemas se tornaram aparentes, no entanto, mudamos de ideia. As guerras iniciadas em benefício das vítimas se tornaram guerras contra elas. Nossas grandes ambições evaporaram, e veja o que tomou lugar delas: clínicas de reabilitação e médicos que promovem remédios, burocracias penosas e prisões privadas.

Quando meias medidas fracassam, ou quando simplesmente cansamos de pensar nesses desafios, descarregamos o grosso da culpa sobre as vítimas. Afinal, pela lógica, o resto da sociedade havia estendido uma mão amiga, e a custo alto. Declaramos guerra! E essas pessoas — os gordos, aqueles sofrendo com vícios, e os pobres — resistiram às nossas soluções. Fizeram más escolhas. É culpa deles.

É muito mais fácil culpar do que ajudar. A narrativa de ataque aos desfavorecidos abastece todo um ecossistema de operadores cujos planos de negócios dependem desses problemas espinhosos. Quanto pior suas vítimas se sentirem e mais infrutíferos forem seus esforços, mais dinheiro essas entidades ganham. Clientes que retornam valem ouro. E cada fracasso deles justifica o *status quo* baseado na vergonha. Essa narrativa é fácil de vender, quer seja para CEOs ou políticos, porque parece absolver o resto de nós da responsabilidade para com os demais. Também economiza dinheiro, ou, melhor ainda, torna-se uma ótima maneira de ganhar dinheiro nos mercados: aposte e invista na vergonha.

Ao mesmo tempo, a maioria de nós aderiu a sistemas de valores que tentam justificar o deturpado *status quo*. Para aqueles satisfeitos com suas vidas, funciona. E quem está prosperando tem razões para amá-lo. Estão no topo do *ranking*, e a máquina da vergonha cospe uma explicação conveniente para sua ótima sorte: conquistaram e merecem tudo isso, graças a bons valores e perseverança (auxiliados, é claro, por genes invejáveis). O mito da meritocracia os ampara. Os outros — quer seja por conta de más decisões ou pura inferioridade — ficam terrivelmente aquém. A dicotomia egoísta de que os vencedores são bons e os perdedores maus nos permite tolerar uma desigualdade profunda impulsionada pela vergonha.

Como podemos enfrentar isso? A vergonha espreita em pensamentos reprimidos e medo não verbalizado. A discrição e o segredo são o seu habitat, até mesmo sua estufa. Para lutarmos contra ela, precisamos da verdade. Somente encarando as máquinas da vergonha seremos capazes de desmontá-las. Precisamos de um acerto de contas de grande porte.

Um modelo para tanto é a Comissão da Verdade e Reconciliação, da África do Sul, que foi estabelecida depois da queda do *apartheid* nos anos 1990. Ao longo da história do país, sobretudo durante o meio século de *apartheid*, uma minoria reprimiu e maltratou a maioria negra, prendendo e matando muitos, ao mesmo tempo que privava toda uma população de liberdades essenciais e de praticamente quaisquer oportunidades.

Então os sul-africanos conversaram a respeito. As vítimas recuperaram suas vozes. Verdades desagradáveis foram expostas. Com os fatos verificados e acordados, os mitos egoístas ou de autointeresse tendiam a se vaporizar. Esse processo de aprendizagem foi necessário antes de a sociedade poder começar a fazer compensações pelas injustiças e iniquidades. Não se consegue consertar o que não se vê.

Encarar a verdade não garante uma solução para problemas que datam de séculos, como a África do Sul moderna pode atestar. Mas é um primeiro passo necessário para levar as populações para além dos dois primeiros estágios da vergonha — dor e negação — em direção à aceitação da realidade e responsabilidade.

Para compreender a situação a partir de outras perspectivas, devemos realizar nossos próprios procedimentos não partidários de verdade e reconciliação. Há sinais de movimento nessa direção. Com a ascensão do movimento #MeToo, mulheres começaram a sair da vergonha e da condição de vítima para contar suas histórias. Estão prestando depoimentos. E os protestos que se seguiram ao assassinato de George Floyd pela polícia em 2020 fez avançar o que poderia se tornar uma discussão nacional, e até global, sobre raça e justiça. É um começo promissor, apesar de ainda longe de entregar uma análise completa e imparcial das forças em jogo. Apenas com maior abertura e transparência os planos das máquinas da vergonha serão revelados. Só então seremos capazes de desenvolver estratégias para pôr fim a esses mecanismos.

Uma forma, claro, é usar a própria vergonha, atacando os poderosos e opressores. Já vemos isso acontecendo. Ativistas constrangeram a Purdue Pharma, e a família Sackler, dona da empresa, por seu papel em viciar milhões em opioides. Essa pressão, na forma de protestos de constrangimento e processos legais, levou a empresa à falência e forçou os donos a pagarem restituições bilionárias. O nome da família, agora estigmatizado, está sendo raspado dos *halls* de museus e universidades que fundaram com dinheiro sujo. É um começo.

Graças ao jornalismo investigativo e aos processos judiciais, sabemos o bastante sobre os Sackler para justificar o ataque aos poderosos. Sua mina de dinheiro — o remédio OxyContin — impulsionou nossas epidemias de vício e suicídios. Vimos os *e-mails* incriminadores da empresa. Eles sabiam o que estavam fazendo e escolheram o caminho de constranger as vítimas a fim de produzir uma fortuna.

Via de regra, as partes culpadas oferecem suas desculpas formais, meticulosamente elaboradas por advogados e consultores de crises corporativas. É importante não se contentar com esses mea-culpa superficiais e continuar atacando os poderosos. Uma empresa como a Purdue tem tentáculos que alcançam a política e a indústria de cuidados de saúde em suas raízes. Investigar as operações de um criminoso, como a Purdue, pode revelar toda uma rede que deve ser aberta, com cada agente sendo responsabilizado. O melhor jeito, e o mais honesto, de se acabar com um sistema de crimes e favores mútuos é constrangendo as pessoas e empresas que lucram a partir dele, punindo-os com multas dolorosas, que precisam superar em muitos seus lucros. Isso é fazer bom uso da vergonha, pressionando esses ricos discrepantes a se concentrarem novamente no bem maior.

A fase seguinte da nossa guerra à vergonha é perscrutar os serviços públicos, muitos dos quais financiados pelos pagadores de impostos. Quanta dor eles infligem em seus usuários pobres, desfavorecidos e viciados? Esses serviços os constrangem a cada momento decisivo? Quanto do *status quo* é construído com base nas violações de dignidade, e quanto com base na confiança?

Há soluções que não envolvem vergonha para quase todos os nossos problemas sociais. Por exemplo, moradia pública acessível elevaria a qualidade de vida de milhões de pessoas ao colocar um teto sobre suas cabeças. É óbvio. A descriminalização das drogas manteria muitas pessoas fora do sistema de justiça criminal e as livraria de carregar o estigma do encarceramento pelo resto da vida. Acabar com a política de "parar e revistar" indivíduos considerados suspeitos e eliminar testes de droga antes de uma pessoa entrar num abrigo ajudaria a restaurar a dignidade.

Uma abordagem inovadora para o vício é dar aos dependentes de substâncias dinheiro para visitar clínicas de metadona. Pode ser um cartão de compras de mercado no valor de 5 ou 25 dólares. Esse elemento de chance e recompensa tem o apelo de uma mão vencedora no pôquer. E mesmo poucas quantias ajudam a comprar comida, gasolina ou cigarros. Esses programas são populares, e estudos mostram que pequenos pagamentos em dinheiro funcionam melhor e salvam mais vidas do que os métodos tradicionais. Mas a ideia vai contra nosso *éthos* de constrangimento, que é o de punir pessoas com dependências até que façam a escolha certa. Assim, programas de recompensa são raros. Com base em suas taxas de sucesso e abordagem que não envolve vergonha, deveriam ser disseminados.

Dar dinheiro aos pobres, sem requisitos, é outra solução em potencial. O problema determinante dos pobres, afinal, é a escassez financeira. Uma renda básica garantida aliviaria a pobreza rápida e diretamente. Ninguém precisa se prostrar diante de uma autoridade e implorar por ajuda. Vimos isso funcionar em 2020 quando o governo dos Estados Unidos enviou cheques no início da pandemia, e outra vez no American Rescue Plan Act (Plano Americano de Resgate Econômico), aprovado em março de 2021. Quando toda a população recebe dinheiro, não há estigma, favoritismo ou acordos especiais. E não precisa custar muito mais do que nosso sistema atual; aqueles de nós que não precisam do dinheiro extra o devolvem em silêncio através de impostos.

A vergonha branca requer múltiplos acertos de contas, mas talvez o maior seja o econômico. Uma quantia enorme da riqueza deste país, o mais rico da história do mundo, foi criada por pessoas que foram forçadas por séculos a trabalharem de graça e então privadas de poder e oportunidades quando liberadas. Um verdadeiro acerto de contas requer reparações. No entanto, a fúria que essa demanda razoável provoca em muitos setores ilustra como, no que se refere à raça, a maioria das pessoas brancas ficam presas num estado defensivo e aflito. Nossa sociedade automaticamente culpa as vítimas, e as constrange, ao mesmo tempo que propaga um nível obsceno de desigualdade econômica.

No centro dessa disparidade está o endividamento. Ele tem pesado sobre os pobres por séculos. Depois do fim da escravidão, em 1865, foi o endividamento que manteve o *status quo*, acorrentando famílias de meeiros à servidão na prática. O endividamento não é um fracasso pessoal, e os devedores não são culpados, e é por isso que devemos rejeitar a linguagem do "perdão da dívida". Em vez disso, devemos exigir a abolição da dívida para os pobres.

Nosso ranqueamento implacável, que recompensa os vencedores e pune os perdedores, abastece essa crescente desigualdade. Do lado de fora dos condomínios dos bilionários na cidade de Nova Iorque, pessoas sem teto se amontoam em busca do calor que emana das grades do metrô. Nenhum sistema universitário, nem mesmo um excelente, pode compensar infâncias radicalmente diferentes. É por isso que precisamos de creches e pré-escolas gratuitas, de sistemas escolares melhores, de financiamento igualitário e faculdades comunitárias.

Enquanto isso, as duas pragas da solidão e da desconfiança se transformaram em centros de lucro para as plataformas de mídias sociais, causando sofrimento generalizado. Vimos a solidão pela qual passam os *incels* e os *hikikomori*, e a desconfiança que alimenta os antivacinas e teóricos da conspiração. Constrangê-los, está claro, só faz piorar as coisas. Então o que pode ser feito para lidar com os problemas subjacentes em nível sistêmico?

O Facebook, um grande gerador de conspirações e desconfiança, é um bom lugar para começar. As campanhas de ataque aos poderosos contra a empresa, e as resultantes ameaças das autoridades reguladoras, já produziram um vislumbre de sucesso. Sob crescente pressão, o Facebook elaborou metas e diretrizes e começou a tomar ações preliminares contra a desinformação. Na campanha presidencial dos Estados Unidos em 2020, a empresa exibiu avisos em 180 milhões de peças de conteúdo. Também desenvolveu uma inteligência artificial para detectar imagens manipuladas, muitas das quais ligadas a notícias falsas. O Facebook sinalizou algumas e derrubou outras.

Isso era um avanço, mas, depois das eleições de 2020, a empresa voltou à situação venenosa e mais rentável. Mentiras e vergonha, afinal, geram tráfego.

Tal cinismo deveria ser ilegal — ou proibitivo de tão caro. Até que o governo responsabilize as empresas, a desconfiança continuará se multiplicando. Uma forma de pressionar por mudanças é constrangendo as empresas de mídias sociais pelas mentiras e os políticos por se beneficiarem da comunicação e receberem donativos. A União Europeia, menos escrava da influência das mídias sociais do que o governo dos Estados Unidos, impõe multas enormes, na casa dos bilhões. Somente números grandes, e ação regulatória dramática, podem mudar o *status quo*.

Entrementes, a pandemia mergulhou muitos de nós na solidão severa e, para muitos, insuportável. Isso nos dá a oportunidade de jogar luz nos esforços que tratam do problema. Tome de exemplo Fujisato, cidade no norte do Japão. Nos anos iniciais deste século, a economia da cidade estava encolhendo. A população local de *hikikomori*, ao mesmo tempo, estava crescendo perigosamente, alcançando 9% da população entre dezoito e trinta e cinco anos, ou 113 pessoas. Vosot Ikeida, um *hikikomori* intermitente de Tóquio desde os anos 1990, conta que os locais adotaram uma estratégia contraintuitiva. Em vez de verem os *hikikomori* como um problema, viram neles uma solução em potencial para sua economia debilitada. Em 2010, a cidade criou os chamados *ibashos*, ou lugares de convivência. Ofereciam mesas de pingue-pongue e jogos de tabuleiro, além de servir chá e saquê. Alguns *hikikomori* saíram aos poucos, e outros os seguiram. Uma vez que um grupo havia se aventurado a frequentar os *ibashos*, os organizadores ofereciam treinamento profissional em preparação de alimentos e serviços sociais. "Eles provavelmente ficavam felizes em se sentirem úteis", escreveu Ikeida.

Cinco anos depois, oitenta e seis dos *hikikomori* originais estavam ativos na sociedade de Fujisato. Deve ter sido libertador para eles, como se uma espessa camada de culpa tivesse derretido.

Compreendi muitas coisas ao longo desse drama de décadas. O conhecimento sozinho não é capaz de aniquilar sentimentos e medos profundos e persistentes. Nossos ancestrais distantes desenvolveram essas emoções adaptáveis como técnica de sobrevivência. A vergonha não leva a lugar algum. E é por isso que este não é, nem poderia ser, um livro de autoajuda com exemplos pinçados de pessoas completamente recuperadas de uma vida de vergonha. Porque não acredito que isso seja possível. Tampouco é um argumento de que devemos erradicá-la, porque às vezes ela é nossa única ferramenta contra a injustiça.

Mas, como indivíduos, podemos agir para aliviar o fardo coletivo da vergonha inapropriada, de ataque aos desfavorecidos, e diminuir a carga na psique de nossos amigos e vizinhos, até mesmo de nossa espécie. Podemos iluminar as vidas das pessoas que conhecemos, incluindo aqueles que amamos, ao ganharmos mais consciência sobre a vergonha e utilizá-la apropriada e sensivelmente, apenas como forma de ajudar as pessoas a retornar às normas comuns.

Por onde devemos começar? Como podemos não infligir vergonha desnecessária aos outros? Se pudermos trabalhar para desintoxicar nossas relações, a vida humana poderia ser muito mais gratificante e pacífica. É um trabalho significativo, mas podemos começar aos poucos.

O primeiro passo em direção a criar essas relações mais saudáveis é simplesmente observar cada aspecto da vida através das lentes da vergonha. Isso envolve notá-la e classificar uma interação como de constrangimento, quer seja um oficial de imigração humilhando um refugiado ou uma mãe constrangendo uma filha de 12 anos de idade por conta de gordura corporal.

Tenho uma boa amiga, por exemplo, que, quando criança, sofreu abuso sexual por um padre. Ela, como muitos outros, lidou com uma vergonha intensa, como se tivesse sido ela a culpada. Ela a encobriu por anos em segredo. Apesar disso, ainda é uma mulher de fé, agora numa igreja Protestante. Ela me diz que tem amigos que desrespeitam pessoas como ela por ainda acreditarem num Deus que deixaria coisas assim acontecerem. O que esses amigos fazem equivale a constranger pessoas por sua religião. No entanto, a não ser que tais amigos estejam vendo suas atitudes através das lentes da vergonha, provavelmente não enxergam da mesma forma. Deveriam. Todos nós deveríamos.

O próximo desafio, uma vez que as atitudes de constrangimento sejam identificadas, é o de analisá-las. No caso dos que constrangem pessoas por sua fé, estão seguindo um modelo estabelecido pela sociedade ou o comportamento é impulsionado por uma ferida pessoal, um ressentimento, ou talvez uma estratégia de conversão (minha amiga os chama de "pregadores ateus")? Eles estão atacando os mais fracos, as vítimas de padres abusivos, ou atacando os poderosos, a Igreja? Quem se beneficia da vergonha, e como — quer seja com dinheiro, *status*, ou dominância numa relação?

As respostas podem não ser claras. Mas quando essas questões passam a borbulhar em nossas mentes, podemos apontá-las para o nosso próprio comportamento. Ao criar listas mentais da vergonha, poderemos evitar de envenenar o senso de amor próprio das pessoas com comentários esnobes, comparações desagradáveis, *tweets* com julgamentos rápidos demais, expectativas impossíveis e por aí vai.

A primeira pergunta de sim ou não que faço para identificar vergonha tóxica é simples. A pessoa tem uma escolha viável para fazer? Se a jovem Blossom Rogers, que conhecemos antes, for viciada em crack, sem dinheiro, e estiver dormindo no carro debaixo de uma ponte na Flórida — ela tem a escolha de se vestir bem, imprimir um currículo e buscar uma vaga de emprego como recepcionista?

Não é uma escolha realista. Ela precisa encarar um volume imenso de trabalho de recuperação para retomar sua voz antes de chegar a esse ponto. Ela precisa sentir-se bem como pessoa. Assim, um policial bater na porta do carro dela, a arrancar para fora, colocá-la contra o veículo, revistá-la e então jogá-la no abismo do sistema de justiça criminal representa a vergonha mais cruel de ataque aos desfavorecidos. Não vai guiá-la em direção à escolha "certa". Ela precisa de ajuda.

A segunda pergunta é se o alvo da vergonha tem o poder de fazer as mudanças necessárias. Quando dezenas de mulheres atacaram os poderosos na Miramax Films por possibilitarem os abusos sexuais em série de Harvey Weinstein, os diretores da empresa tinham o poder de demiti-lo? Sim, tinham. A diretoria de uma empresa, o presidente de uma universidade, um ditador, eles estão numa posição completamente diferente da de Blossom Rogers ou Joanna McCabe, a mulher que caiu com seu carrinho motorizado num corredor do Walmart e se tornou um saco de pancadas na internet. Escolha, voz e poder. Se o alvo não os possui, não temos a obrigação de tentar uma abordagem diferente?

A coisa mais importante que podemos fazer é resistir à vontade de participar quando as pessoas começarem a atacar os mais vulneráveis. Muito do constrangimento ocorre *on-line*: desde celebridades num dia de má aparência até pessoas vestindo roupa de praia inapropriada ou um estudante de Ensino Médio de direita confrontando um idoso nativo americano. Mas pode acontecer no ambiente de trabalho, ou no bairro, ou num campo de beisebol de liga infantil. Alguém faz algo errado, e todo o mundo se sente autorizado a emitir opiniões e críticas. "Você não deveria usar as redes sociais", escreve o jornalista Ezra Klein, "para se juntar a um ataque contra uma pessoa normal".

Mesmo supondo que o alvo da vergonha encare uma decisão viável e possa fazer uma correção de rumo, a sua participação almeja melhorar o comportamento da pessoa ou apenas sinalizar virtude para os amigos? Já não há pessoas demais postando aquele vídeo novo de uma Karen? Queremos que ela perca seu emprego e nunca mais encontre outro? Precisamos que nos digam que comportamento abertamente racista é racista? Mire mais alto, na fonte do problema. Por que a polícia serve como mecanismo de coação e força privada de segurança quando pessoas brancas sentem incômodo, para início de conversa? Trabalhe em prol da reforma policial em vez de buscar *retweets* ou compartilhamentos.

Não fique revoltado — ou ao menos não faça disso um hábito. É verdade, há muito sobre o que se revoltar. É viciante. E se você quiser trabalhar pela reforma prisional ou contra a restrição do acesso ao voto, vá em frente. Contudo, muitas vezes substituímos a ação pela revolta, porque é gostoso sentir revolta. E ela parece ser de graça. Mas muitas vezes ela alimenta o ataque aos desfavorecidos. Quando sentir revolta, a examine. Ela te faz sentir satisfação? Se sim, tente evocar outros pensamentos e emoções, e use-os para traçar um plano que cause mudanças reais.

Na sequência, leve em conta quando a vergonha irá de fato ser efetiva. É preciso que o alvo tenha voz e uma escolha, porém também são necessárias normas compartilhadas e um senso de confiança. Caso contrário, a vergonha será apenas *bullying*.

Não constranja sua filha gordinha e não exagere ao constranger o seu filho neonazista também. Isso decerto não vai funcionar e vai deixá-los com menos opções no futuro. Converse com eles sobre valores, entretanto concentre-se no que eles precisam e querem, e ajude-os a fazer escolhas melhores e mais saudáveis para si próprios. Coloque-se no lugar de outra pessoa. Trate-a com dignidade, se você tiver tempo e energia para tanto. Isso ajuda a direcionar os pensamentos de revolta em direção à compreensão, e pode levar a medidas construtivas.

Antes de me ouvir dizer "apenas tenha empatia!", devo observar que a empatia está longe de ser uma cura milagrosa ou solução para tudo. Ela tende a incorporar vieses, pois, por natureza, achamos mais fácil ter empatia por pessoas semelhantes a nós. Em *The War for Kindness*,

Jamil Zaki cita casos nos quais policiais brancos defendem um colega agressivo, em vez de reportá-lo ou constrangê-lo, pois sentem empatia por ele. Talvez tenham feito treinamento com ele; talvez estejam preocupados com sua família. Esses instintos tribais nos levam a defender os nossos e criticar severamente os outros. A mesma dinâmica ocorre quando um sistema judicial liderado por um grupo social ataca os desfavorecidos, considerados de fora — no nosso caso, pessoas não brancas —, com encarceramento em massa ou mesmo pena de morte.

Então a empatia, embora essencial, não é capaz de corrigir injustiças sociais. Em vez dela, considere ter uma política pessoal de devido processo. Isso significa dar às pessoas o benefício da dúvida sempre que possível. Talvez não tenham tido a intenção. Talvez tenha havido um mal-entendido. E, em geral, quando uma pessoa erra, ninguém sente o erro tão profundamente quanto ela própria. Então a trate da mesma maneira que você vai gostar de ser tratado quando cometer um deslize, e respeite a dignidade dela enquanto ser humano.

O perdão é, de muitas formas, o avesso da vergonha. Enquanto a vergonha abre feridas, o perdão tem o poder de curá-las. "O perdão", escreveu Nelson Mandela, "libera nossa alma. Ele remove o medo (...) e é por isso que é uma arma tão poderosa". Mas, como a empatia, é difícil e inconsistente.

Conforme escrevo, estou pensando em um prisioneiro chamado Oscar Jones. Passei a conhecê-lo porque ajudei a analisar os algoritmos de reincidência que injustamente perpetuaram seu confinamento de décadas em prisões federais. O ponto não é que Oscar Jones seja inocente. Ele não é. Ele cometeu um crime hediondo num passado distante. Há mais de quarenta anos, com 17 de idade, ele estuprou uma mulher com mais de setenta. Ele merecia ir para a cadeia, apesar de também estar sofrendo abuso de responsáveis negligentes. Ele foi um detento pacífico pelos últimos trinta e oito anos de sua sentença, mas, depois de ganhar liberdade condicional, passou por uma série de testes de "risco de reincidência" pelo estado de Illinois, que o considerou propenso a cometer novos crimes sexuais. Isso o manteve preso por mais três anos.

Como uma perita em algoritmos e pontuações de risco criminal, seus advogados me pediram para ajudá-los a entrar com o recurso dessa decisão. Uma coisa que apontei em minha carta ao tribunal é que o teste não considerou qualquer progresso que Oscar tenha feito na prisão. Em outras palavras, o estigmatizou de modo permanente como um criminoso sexual. Nenhum perdão desse sistema, nunca.

Depois de o depoimento ser adiado em março de 2020 devido à pandemia, Oscar foi diagnosticado com câncer de pulmão em estágio avançado. Ele foi solto no início de 2021. Depois de quatro décadas de encarceramento e poucas semanas de liberdade, ele morreu no dia 21 de abril, cercado pela família. Ao contrário do estado de Illinois, eles o perdoaram. O amor incondicional e acolhedor em uma família assim é uma maneira saudável de se pensar sobre perdão e comunidade.

Todo esse processo me levou a imaginar como deveríamos ter lidado com pessoas como Oscar Jones, que na juventude cometeram um crime terrível. Por um lado, não estava em posição de perdoá-lo. Eu não era sua vítima.

Por outro lado, era meu trabalho argumentar que Oscar deveria ter sido libertado e que não deveríamos ter usado pseudociência para prolongar sua pena. Há, é claro, forças poderosas na nossa sociedade que se opõem a esse ponto de vista. Elas querem que pessoas como Oscar permaneçam na cadeia, para sempre ligados a seus crimes e fora de vista. Isso sustenta a fácil dicotomia de que o mundo é dividido em pessoas boas e más, que as más fizeram más escolhas, e tudo bem mantê-las presas, despojadas de sua humanidade.

O caminho para acabar com o atual panorama da vergonha envolve reconhecer que todos nós cometemos erros, e alguns de nós cometem crimes. Somos responsáveis pelo que fazemos e devemos nos redimir. Mas nossos erros e falhas não deveriam nos mergulhar em vergonha eterna. É preciso que haja uma data de validade.

Na essência, desintoxicar a vergonha não é muito complicado. Envolve agir em todos os domínios, tanto individuais quanto institucionais, desde a mesa de jantar até o departamento de assistência social e as diretorias empresariais, para que todas as pessoas sejam tratadas com confiança e dignidade.

AGRADECIMENTOS

Muitas pessoas compartilharam seus momentos mais íntimos e dolorosos comigo. Algumas de suas histórias estão neste livro, outras não. Obrigada a todos pelo tempo e pela confiança.

Sou muito grata à Elizabeth Hutchinson e às queridas pessoas da LOAS II Star Island por terem me convidado, em 2019, para falar sobre vergonha e me ouvido com zelosa atenção, bem como a todo mundo do Alternative Banking, ao Sam Smyth e a inúmeras pessoas que conversaram comigo e permitiram que os temas me auxiliassem nas minhas reflexões.

Gostaria de agradecer a todas as pessoas cujas reflexões e escritos sobre a vergonha me apoiaram nestas páginas. Espero que sintam que fiz jus ao tema. Pude extrair apenas parte da bibliografia, mas sou grata a todos que exploraram o assunto. Mesmo que não tenha feito referência ao seu trabalho, é bem provável que eu tenha sido influenciada por ele.

Por fim, gostaria de agradecer ao meu coautor, Steve Baker, à minha editora, Amanda Cook, e à assistente editorial, Katie Berry, por seus incríveis esforços e confiança desmedida. Também sou grata a Sarah Breivogel, Chantelle Walker, Dan Novack, Tanvi Valsangikar, Maureen Clark e Ada Yonenaka.